序

AI時代來臨！如何善用AI技術於工作，或是捉住AI創新的機運，已成為現代企業與法遵、風控、稽核與資訊人員的新挑戰。

SAP是目前企業使用最普遍的ERP系統，數以萬計的Table不容易熟悉與了解，如何善用科技有效提昇內部控制與風險評估的能力？獨立與有效的進行SAP ERP大數據資料分析與營運資料稽核已成為全球最熱門的職能需求之一，國際電腦稽核教育協會(ICAEA) 強調:「我們沒有時間學習各種不同的資訊工具，熟練一套電腦輔助稽核工具(CAATs)與學習查核方法，來面對新的電子化營運環境的內稽內控挑戰，才是正道」。

ACL為全球第一套通用電腦稽核軟體，超過30年的發展已進入AI人工智慧與機器人應用時代，透過最先進的技術，將日常資料轉換成決策分析數據，協助企業達成營運目標，有助於整個企業組織對未來發展方向的規劃。Jacksoft教育訓練中心準備一系列運用ACL進行SAP ERP電腦稽核實務課程，透過實務演練教學方式，可有效協助廣大使用SAP ERP系統的企業，於查核或進行資料分析時所遇到的問題及阻力，協助減輕稽核、財會、資訊或其他工作上需要的人所背負的重大責任與工作負擔。

本書以SAP ERP銷售資料分析性複核為例，教導如何有效進行應收帳款異常分析與查核，提升工作的效果與效率，發揮產值，歡迎大家一起來共同學習！

JACKSOFT傑克商業自動化股份有限公司
黃秀鳳總經理
2019/10/23

電腦稽核專業人員十誡

ICAEA 所訂的電腦稽核專業人員的倫理規範與實務守則，以實務應用與簡易了解為準則，一般又稱為『電腦稽核專業人員十誡』。其十項實務原則說明如下：

1. 願意承擔自己的電腦稽核工作的全部責任。
2. 對專業工作上所獲得的任何機密資訊應要確保其隱私與保密。
3. 對進行中或未來即將進行的電腦稽核工作應要確保自己具備有足夠的專業資格。
4. 對進行中或未來即將進行的電腦稽核工作應要確保自己使用專業適當的方法在進行。
5. 對所開發完成或修改的電腦稽核程式應要盡可能的符合最高的專業開發標準。
6. 應要確保自己專業判斷的完整性和獨立性。
7. 禁止進行或協助任何貪腐、賄賂或其他不正當財務欺騙性行為。
8. 應積極參與終身學習來發展自己的電腦稽核專業能力。
9. 應協助相關稽核小組成員的電腦稽核專業發展，以使整個團隊可以產生更佳的稽核效果與效率。
10. 應對社會大眾宣揚電腦稽核專業的價值與對公眾的利益。

目錄

Technology for Business Assurance

ACL實務個案演練
銷售收款循環查核
-SAP ERP銷售資料分析性
複核實例演練

傑克商業自動化股份有限公司

JACKSOFT為台灣唯一通過經濟部能量登錄與ACL原廠雙重技術認證
「電腦稽核」專業輔導機構，技術服務品質有保障

國際電腦稽核教育協會
認證課程

財政部 電子發票整合服務平台

財政部財政資訊中心 Fiscal Information Agency, M.O.F

■電子發票開立成長趨勢

年度	98年	99年	100年	101年	102年	103年	104年	105年
開立張數	5千萬張	7千萬張	7億張	24億張	39億張	44.6億張	49.5億張	62.6億張

全面推動階段 張數從7千萬張 快速上升至 24億張

B2C、B2G、B2B全面啟動　智慧好生活

What?
發票也 change!

大數據資料的稽核分析時代

- 查核項目之評估判斷
- 資料庫之<u>資料量龐大</u>且<u>關係複雜</u>

大數據分析三步曲

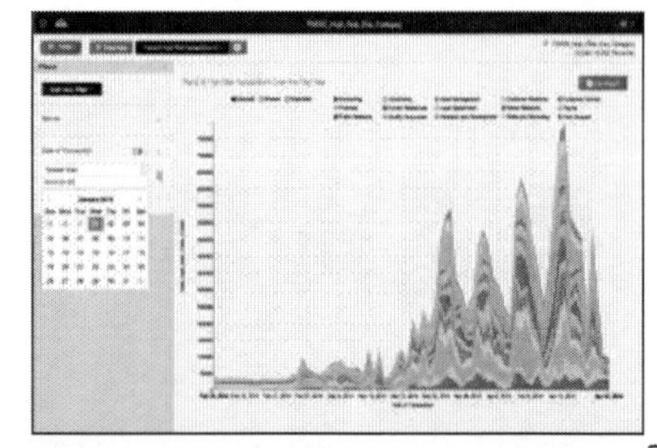

目前ACL台灣大數據資料記錄:
88億多筆分析ETC資料

Copyright © 2019 JACKSOFT.

內部控制 & 風險評估程序能力的提升

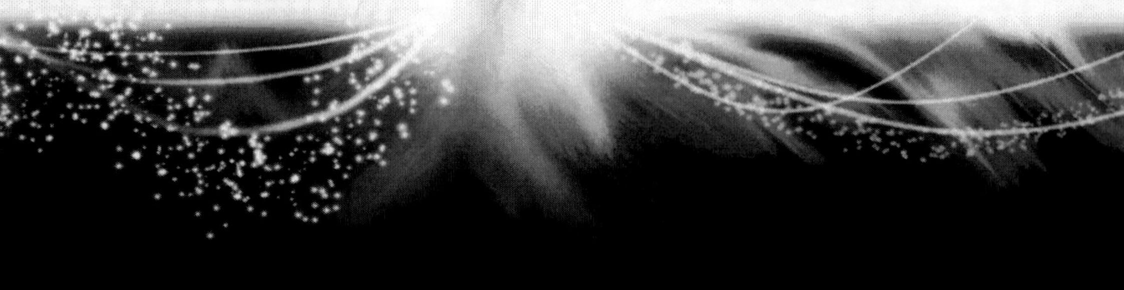

利用科技的方式來解決

大數據 ➔大金額

$2B+ reduction in potential FCPA fines for Siemens AG, supported by proactive P2P monitoring
SIEMENS

$18M saved in cost avoidance by Baystate Health Inc.
Baystate Health

$17M in findings of duplicate payments at HCA

$60M in avoided revenue leakages at MTN Nigeria

$4M+ in missed billings

$100K yearly funds leakage identified by RLI Insurance

400% annual ROI
RLI DIFFERENT WORKS

$2.1M in contractor overbillings identified in Los Angeles Unified School District

$3.9M cost recovery opportunity in excessive overtime identified by Canada Post

$60K annually saved in recovery fees for duplicate vendor invoices identified by The Westfield Group

€85M in missed tax revenues recovered by Austrian Ministry of Finance

資料來源: IIA

AI智慧化稽核流程

連接不同
資料來源

萃取前後資料

目標 >準則 >風險

>頻率>資料需求

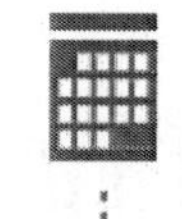

彈性 規劃

智能 判讀

警示利害關係人

利用CAATs自動化排除操作性的瓶頸
利用機器學習 智能判斷預測風險

缺失偵測

威脅偵查

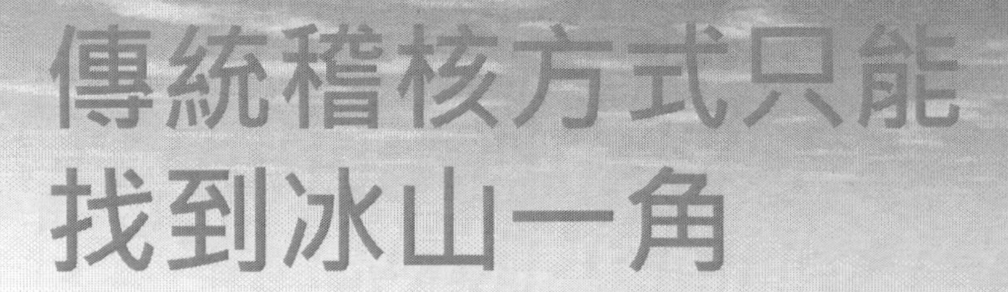

傳統稽核方式只能找到冰山一角

- 如何事先偵測冰山下的風險?
- AI人工智慧新稽核時代來臨, 透過預測性稽核才能有效協助組織提升風險評估能力

AI 人工智慧稽核新時代

現狀：以人為中心的手工流程

未來狀態：人類和機器人綜合過程

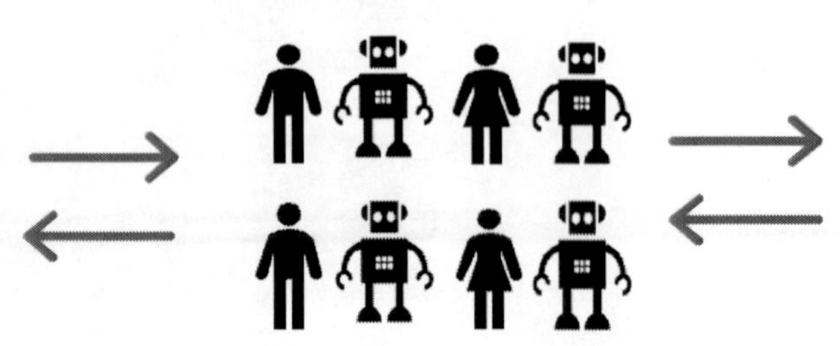

ACL 30年的成長與發展

ACL and Rsam are now Galvanize

Two great companies have become one, and are now redefining the GRC industry through technology.

2017年ACL獲得在美國矽谷的Norwest的5千萬美元的策略性投資後，公司規模與產品線持續擴大，並積極朝向「世界第一對客戶提供全方位的GRC (治理、風險管理與法遵)和稽核專業解決方案」的企業目標前進。

2019年ACL併購在美國紐約的資訊安全治理知名公司Rsam，進一步的深化GRC市場產品規模，並且將公司改名為Galvanize ，取其驚奇的正向力量整合之意。

稽核人員的使用工具的變革

1980 前	算盤
1980~1990	計算機
1990~2000	試算表(Excel)或會計資訊系統
2000~2005	管理資訊系統(MIS)與企業資源規劃(ERP)系統
2005~2010	電腦稽核系統 (CAATs)
2010~2015	持續性稽核系統、內控自評系統與年度稽核計畫系統
2015~2018	雲端審計與風險與法遵管理系統(GRC)
2018~	AI人工智慧、雲端大數據與法遵科技

Auditor Robots

You're either the one creating automation ... or you're the one being automated.

A recent Oxford University study examined how automation and robotics are affecting different professions. Among the over 600 professions considered, auditing was right at the top—deemed by researchers as a profession ripe for automation, with a 96% chance of being largely replaced by computers in the next two to three decades.

Data Source: 2017 ACL

Jacksoft Commerce Automation Ltd.
Copyright © 2019 JACKSOFT.

分析性複核之數位應用

- 美國審計準則公報SAS No.56, AU 329.04分析性複核是一項標準查核程序。
- 企業環境日趨複雜，電腦科技日新月異，審計環境及專業品質的要求漸增，分析性複核已成為一具有相當潛能的審計技術。
- 應用電腦稽核輔助軟體(CAATs)可幫助審計人員採用更複雜的分析性複核技術。

《內部審計具體準則第15號-分析性覆核》

《內部審計具體準則第15號-分析性覆核》		
首次生效時間	2004年5月1日	最新修訂時間

本準則由中國內部審計協會發佈。

審計準則公報第五十號

「分析性程序」

內容簡介

1.本公報係參考國際審計準則第520號 (ISA 520) 之相關規定訂定。

2.本公報主要係訂定查核人員採用分析性程序作爲證實程序（此時稱爲證實分析性程序）及查核人員於查核工作即將結束前執行分析性程序時所應遵循之準則，內容包括六節共二十八條條文及附錄。

電腦輔助稽核技術(CAATs)

- **稽核人員角度**所設計的通用稽核軟體，有別於以資訊或統計背景所開發的軟體，以資料為基礎的Critical Thinking(批判式思考)，**強調分析方法論**而非僅工具使用技巧。
- 適用不同來源與各種資料格式之檔案匯入或系統資料庫連結，其特色是強調有科學依據的抽樣、資料勾稽與比對、檔案合併、日期計算、資料轉換與分析，**快速協助找出異常**。
- 最大的特色是個人電腦即可操作，可進行巨量資料分析與測試，**簡易又低成本**。

表:IIA與AuditNet組織的年度稽核軟體使用調查結果彙整

稽核軟體調查報告

稽核軟體名稱	使用度(近似值)				
	2004年	2005年	2006年	2009年	2011年
ACL	50%	44%	35%	53%	57.6%
EXCEL	20%	21%	34%	5%	4.1%
IDEA	4%	8%	5%	5%	24.1%
其他	26%	27%	26%	37%	14.1%

Who Use CAATs進行資料分析?

- 內外部稽核人員、財務管理者、舞弊檢查者/鑑識會計師、法令遵循主管、控制專家、高階管理階層..
- 從傳統之稽核延伸到財務、業務、企劃等營運管理
- 增加在交易層次控管測試的頻率

電信業　流通業　製造業

金融業　醫療業　服務業

世界公認的電腦稽核軟體權威

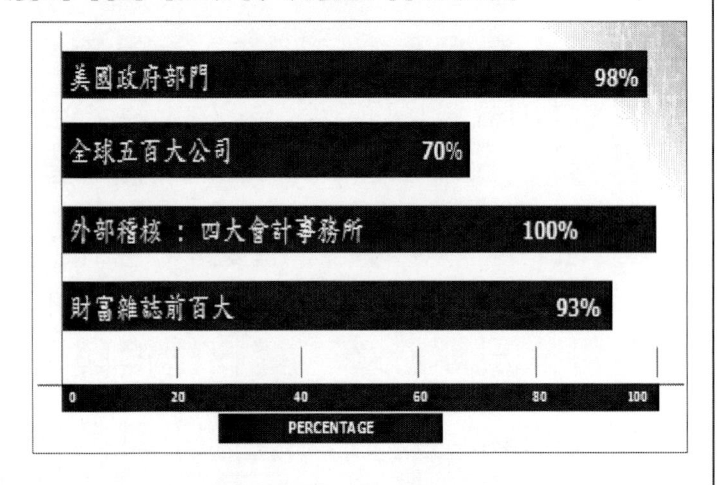

ACL在全球150個國家使用者超過21.5萬個

- 二十多年來是稽核、控制測試、與法規遵循技術解決方案的全球領導者
- 全球僅有可以服務超過400家Fortune 500 的商用軟體公司
- 比四大會計師事務所更專業的稽核顧問公司

Modern Tools for Modern Time

- 軟體及服務的新時代
- 使用軟體的重點 80/20 法則
- 使用軟體的重點是要產生績效
- 使用軟體的重點要創新

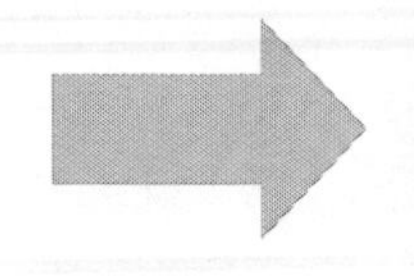

ACL Connections 2016

Be the most sought-after

ACL 新版(AN 14)增加AI功能

機器學習 & 人工智慧

模糊比對 | 集群分析 | 學　習 | 預　測 | 異常探勘

完整的大數據資料連接器與友善資料人機介面

高效能的大數據分析功能與稽核指令

ACL Analytics

Tableau
BI工具整合

文字探勘 / 文字軌跡 / 文字查核分析技巧

R & Python AI 語言整合

進階統計分析模式 | 連結分析相關分析 | 模擬和預測分析

acl

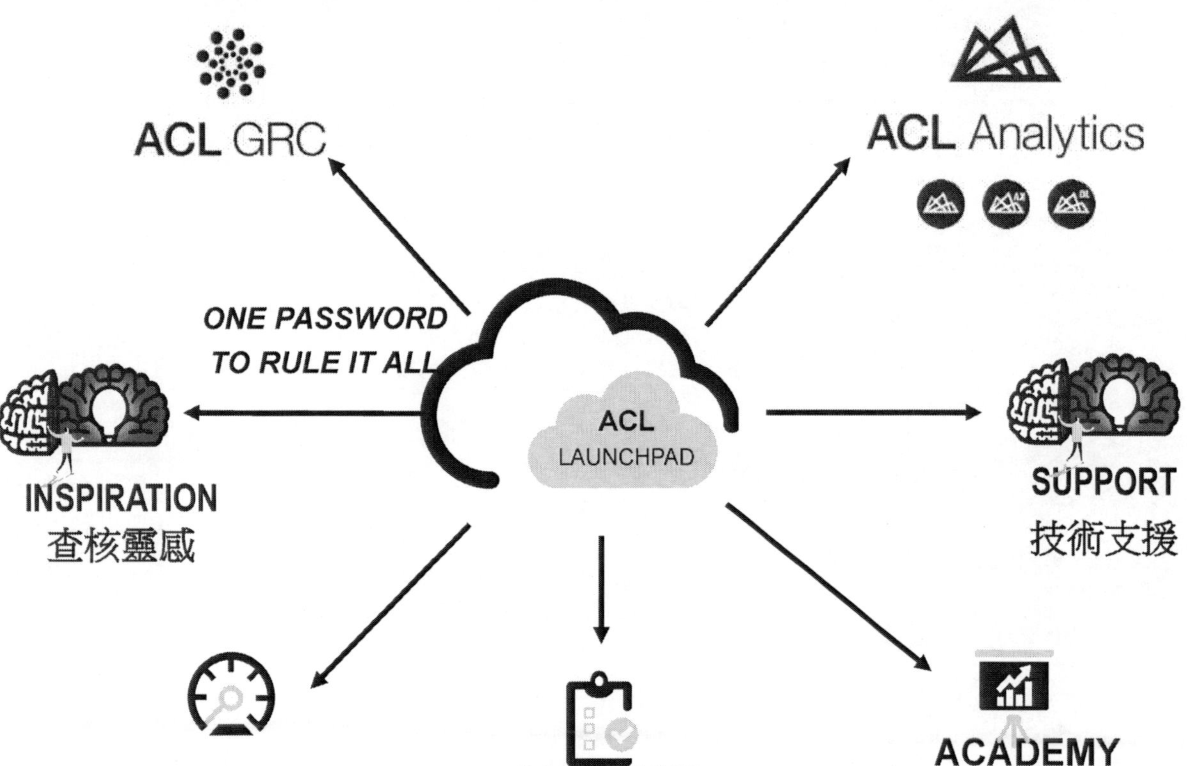

AN(ACL Data Analytics)14 新版

全球第一電腦稽核資料分析軟體
機器學習 智能引導
AI人工智慧稽核範疇到底有哪些?

瞭解更多..

影片圖片	影片名稱	QR Code
	1. 客戶真誠推薦 -評估您的需求並分析成本 -展示時間和成本的節省 -解決業務問題 -展現投資報酬率並構建可以擴散的案例	
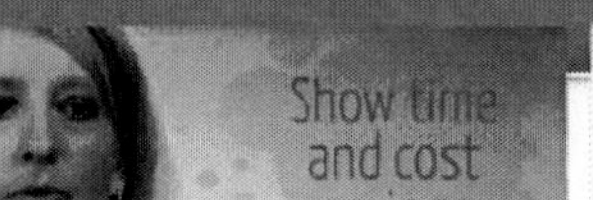	2. ACL 稽核機器人 - 如何簡單的分析解決方案與技術 - 提供分析，監控，流程自動化，可視化和儀表板以及機器學習 - 有效幫助專業人員來提高流程效率。	

全球第一電腦稽核資料分析軟體
機器學習 智能引導
AI人工智慧稽核範疇到底有哪些?

	3. ACL 機器學習簡介 - 學習ACL電腦稽核軟體 - 利用AI人工智慧學習功能 - 查找數據中您不知道要查找的模式和異常	
	4. 如何用ACL整合分析系統 - 整合ACL數據連接器 + R&Python + BI的連接器和可視化工具 - 新增R語言和python的預測及建模的統計能力 - 在運算式產生器中增加新的函數	
	5. ACL機器學習技術深入剖析 - 新版本 ACL 14導入機器學習功能，讓您可以進行更高階的預測分析 - ACL提供新功能K-Means(K均值)演算法 - 帶您了解如何運用人工智慧的集群分析	

尋找查核靈感與查核程式 (Tools & Templates)

查核靈感(Inspiration)

程式庫(Script Hub)

Jacksoft Commerce Automation Ltd.
Copyright © 2019 JACKSOFT.

超過380支的常用ACL 範本Script

隨時增加新 SCRIPT

範本SCRIPT 清楚說明使用方法

SCRIPT 註解說明清楚

```
COMMENT
*****************************************************************************
ScriptHub ID: CreateStub
Creates table T_Stub with one record and a single field.
*
LEGAL: These Scripts are provided "as is" and ACL does not warrant that these
Scripts are free from errors. ACL does not provide Support for Scripts, however,
assistance is provided through the ACL Support user forum. By using these
Scripts you are agreeing to the ACL Script License Agreement, the full document
can be found here: http://www.acl.com/legal
*****************************************************************************
END

 COMMENT *** Set system environment
 SET SAFETY OFF
 CLOSE PRIMARY SECONDARY

 COMMENT *** Use the DIRECTORY command to list any files with an *.ac extension in the ACL project directory.
 DIRECTORY '*.AC*' TO T_Dir

 COMMENT *** Extract only the first record to a new table.
 OPEN T_Dir
 EXTRACT FIELD 'This is a temporary table required by some ACL Scripts' AS 'Stub' TO T_Stub FIRST 1

 COMMENT *** Delete the T_Dir temporary table
 DELETE FORMAT T_Dir OK
 DELETE "T_Dir.fil" OK

 OPEN T_Stub

 COMMENT *** End of script
```

提供不同分類分析項目的建議與靈感

家 | 我的列表 | 搜索 | 有助於 | 排行榜 | 關於 | ScriptHub | 2.0啟示

啟示

數百幾十年的來自世界各地的ACL倡議建立的經驗分析思路。***瀏覽***，
貢獻，以及***評論***引發的靈感。

! NEW !!! 我們剛剛增加了大量的新靈感為你在我們的AML，公共部門和遊戲節！

按類別瀏覽

紫類別廣闊的父類。橙色類別有更詳細的子類別。

查看全部	一般	公共部門	賭博	製造業	金融服務	衛生保健

博O事件的過程

一：業績灌水／應收帳遽增以利募資

90年~93年
應收帳款皆超過30億
(業績卻不斷下滑)

88年上市 ⇒ 89年 應收帳款-16.79億 ⇒ 90年 應收帳款-34.59億 發行35億元（公司債） ⇔ 92年 應收帳款42億 發行5000萬美元 （海外可轉換公司債

（博O應收帳暴增年度，公司都有鉅額募資行動）

勁O10億假買賣 須改為銷貨退回

工商時報 /彭暄貽/台北報導

勁O（61XX）涉嫌與子公司進行假交易，包括證交所、檢調單位均列為追查對象，勁O董事長呂O月3/16日應證交所要求，親自出席重大訊息說明記者會，會中，呂O月坦承已遭限制出境，而勁O先前未申報與子公司間的關係人交易，也確實存有財務作業疏失 .....[詳全文]

查核案例：假銷貨與業績灌水?

斥資四十三億元補救蘭奇留下的爛攤子

王O堂鐵腕整頓宏O稽核系統

撰文 / 黃秋燕出處 / 今周刊 755 期 2011/6/8

- 半年之內，宏O發出第三次業績警訊。這一次是為了歐洲通路庫存而提列高達四十三億元的應收帳款損失。重掌權力決策的王O堂，如何重整內部稽核制度、再度擦亮宏O招牌？

宏O整個公司的授權

被個別切開，欠缺

人便可從中操弄，

O寅詐貸80億有2家銀行最早發現　金管會完成專案金檢

記者紀佳妘／台北報導

老牌貿易商O寅實業集團日前驚傳虛報應收帳款，向13家銀行詐貸，引發立委黃O昌關注最早發現繳息不正常的是哪家銀行？金管會主委顧O雄今（9）日表示，檢查局已有去做專案金檢；據了解，最早發現有行。

立委黃O昌在立法院財委會質詢時表示，O寅在富案如出一轍，針對O寅案，是否有進行專案金「後來我們有進行專案金檢」。

黃O昌進一步詢問，最早發現繳息不正常的銀行指出，王O銀行和星O銀行是最早發現O寅繳息

針對O寅案最新調查進度，顧O雄會後受訪時表查，金管會已完成專案金檢，發現銀行確實有相應收帳款融資，目前已列舉相關事項，請銀行公會制度、發票確認等，儘管犯罪很難完全防堵，間。

根據銀行公會函報應收帳款融資（承購）業務強化措施的建議，包括銀行應掌握賣方的產銷情形、程序與對象；強化照會作業確認買方知悉，審查運送單據以查證交易真實性，並向聯徵中心查詢該筆發票有無重複融資，控管集團風險等徵、授信強化措施。

第二是注意貸放資金流向及還款來源是否異常，發票等交易單據有無異常銷貨退回或折讓，另注意應收帳款與銷售額是否相當等貸後作業強化措施；最後是存款部門，及授信部門應建立同步通報機制。

另據金管會先前公布資料顯示，O寅案共有13家債權銀行，其中前7大債權銀行分別是O企銀、王O銀、元O銀、合O銀、兆O銀、第O銀及華O銀，其餘的有玉O銀、陽O銀、安O銀、星O銀、國OO華銀、高O銀。

查核實務探討:
如何利用ACL進行銷售資料分析性複核

如何使用ACL完成查核或分析專案

- ACL可以從頭到尾管理你的資料分析專案。
- 專案規劃方法採用六個階段：

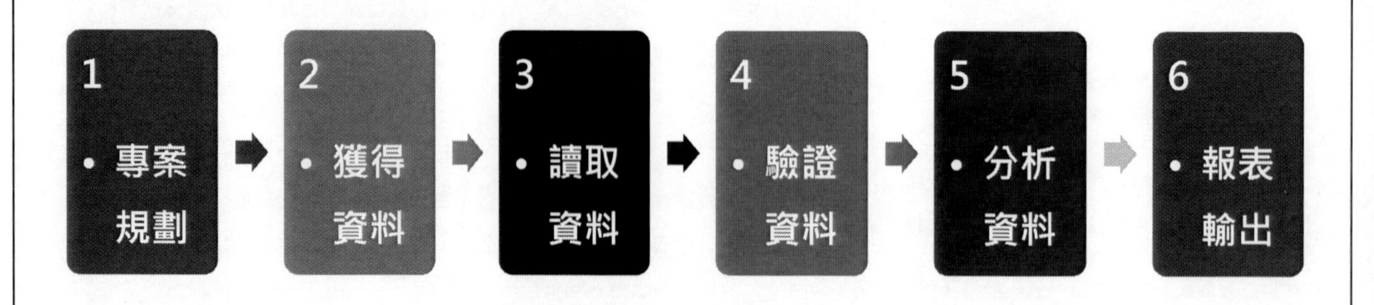

實務個案演練

- 歐債危機，全球經濟蕭條，公司營運出現問題
- 總經理苦思如何改善獲利能力讓公司渡過危機

大環境惡化 工總：經濟成長難保2%

新頭殼／新頭殼newtalk-2012年08月07日 下午16:45

字級：小 中 大 特 | 列印 | 轉寄 | 分享

新頭殼newtalk 2012.08.07 謝仁炬/台北報導

經濟環境持續惡化，景氣連續8個月藍燈，出口也持續衰退了4個月。面對如此艱困的產業環境，全國工業總會今(7)日發表了「2012工總白皮書」，工總理事長許勝雄表示，台灣目前的經濟成長率，政府想要保2%難度相當高。

面對歐債危機、美國經濟復甦狀況不明，新興國家成長減緩，以及韓國與多國的FTA簽署，皆對台灣經濟與產業環境產生重大衝擊。工業總會提出了2012工總白皮書，希望能促使政府有積極的作為。

個案情境說明

- 總經理指派你專案協助，希望**找出哪些客戶收款有問題**以及**找出相關負責銷售的人員**
- 經查2011年帳載**應收帳款餘額**：$ 5,462,164,102.37

  備抵呆帳提列：$ 5,402,904,010.19

個案情境說明

經了解公司備抵呆帳提列政策如下:

帳齡 (Age in Days)	呆帳提列率% (Provision Taken)
0-30	0%
31-45	5%
46-60	10%
61-90	25%
91-180	50%
181+	100%

Jacksoft Commerce Automation Ltd.
Copyright © 2019 JACKSOFT.

1. 專案規劃

查核項目	銷售作業分析性複核	存放檔名	備抵呆帳查核
查核目標	分析公司應收帳款備抵呆帳提列情況，針對客戶及銷售人員做進一步深入分析。		
查核說明	對尚未完全收款的賒銷交易，查核與驗證備抵呆帳的提列正確性，找出哪些客戶收款有問題以及找出相關負責銷售的人員。		
查核程式	(1)驗證備抵呆帳的提列是否正確 (2)計算每位顧客的平均備抵呆帳率 (3)找出以下重大異常之客戶: ✓確認哪些客戶的備抵呆帳率高於25% ✓確認哪些客戶的備抵呆帳提列金額高過備抵呆帳提列總金額5% (4)找出哪些銷售人員造成10%備抵呆帳提列總金額		
資料檔案	BSAD、VBAK		
所需欄位	訂單編號、發票號碼、客戶編號、收款金額、發票金額、發票號碼、付款方式、建立日期、銷售人員、建立時間...		

2. 獲得資料

- 稽核部門可以寄發稽核通知單，通知受查單位準備之資料及格式。
- 檔案資料(以SAP查核為例)：
  - ☑BSAD.csv(應收帳款明細檔)
  - ☑VBAK.csv(銷售訂單主檔)

稽核通知單

受文者	Mowza網路零售公司 資訊室
主旨	為進行公司銷售及收款循環例行性查核工作，請 貴單位提供相關檔案資料以利查核工作之進行。所需資訊如下說明。
說明	
一、	本單位擬於民國XX年XX月XX日開始進行為期X天之例行性查核，為使查核工作順利進行，謹請在XX月XX日前 惠予提供XXXX年XX月XX日至XXXX年XX月XX日之應收帳款與銷售訂單明細檔案資料，如附件。
二、	依年度稽核計畫辦理。
三、	後附資料之提供，若擷取時有任何不甚明瞭之處，敬祈隨時與稽核人員聯絡。
請提供檔案明細：	
一、	應收帳款明細檔與銷售訂單主檔請提供包含欄位名稱且以逗號分隔的文字檔，並提供相關檔案格式說明(請詳附件)
稽核人員：Vivian	稽核主管：Sherry

SAP 整合功能架構圖

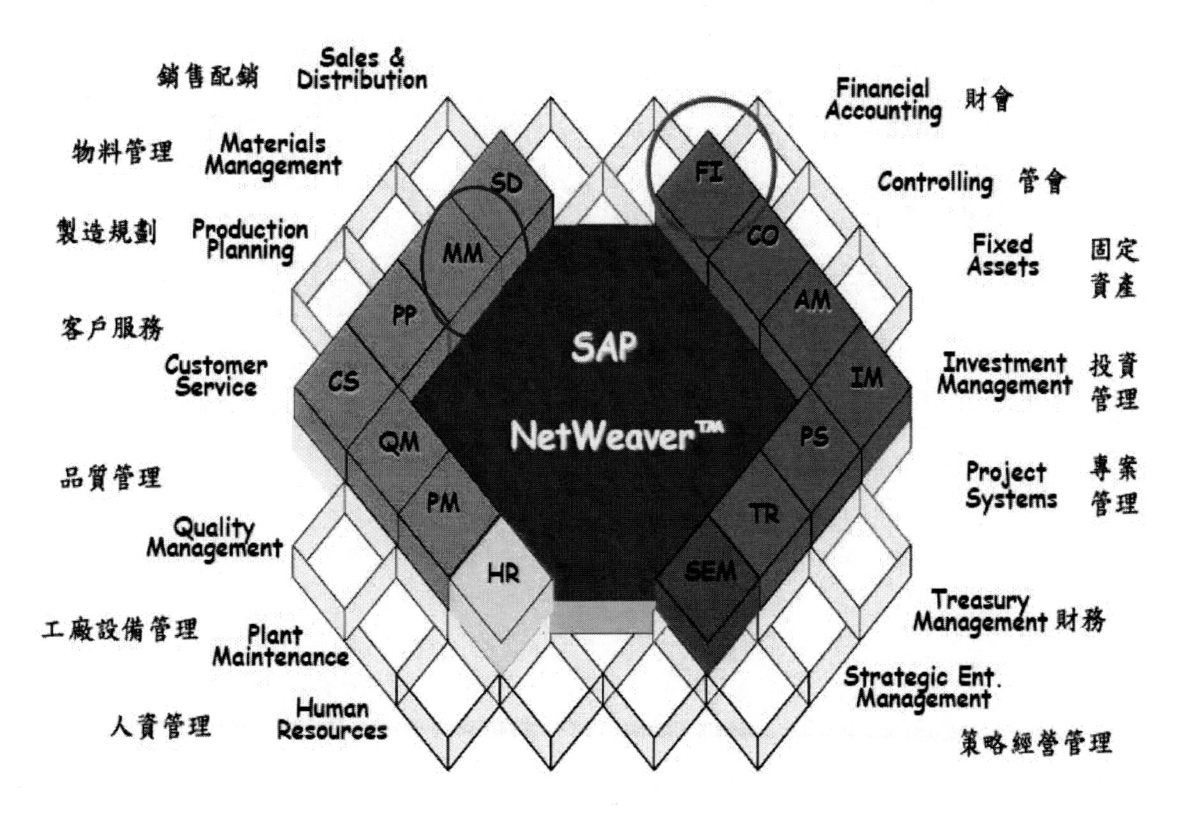

資料來源: SAP

SAP ERP 查核項目

294 頁

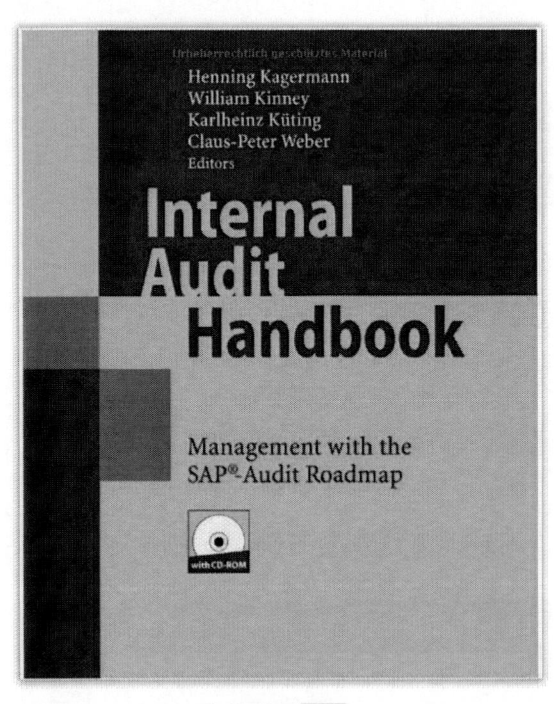

608 頁

使用資料擷取分析的必要性

- 系統嚴格的控管仍無法杜絕管理上可能的死角
  - 如: 無PO付款、拆單採購、重複付款、幽靈員工、不合格廠商
- 自行開發設計之報表是否正確無誤?
- SAP模組與外部模組介面的正確性與可靠性?
- 報表與查詢的盲點: 無法關聯的資料無法顯示
- 系統效能的考量
  - 「Download once and analyze often」 is the best practice.

常見SAP 資料擷取方法

- ABAP Programming
- ABAP 4 Query
- SAP Data browser
- 由查詢畫面或報表儲存資料

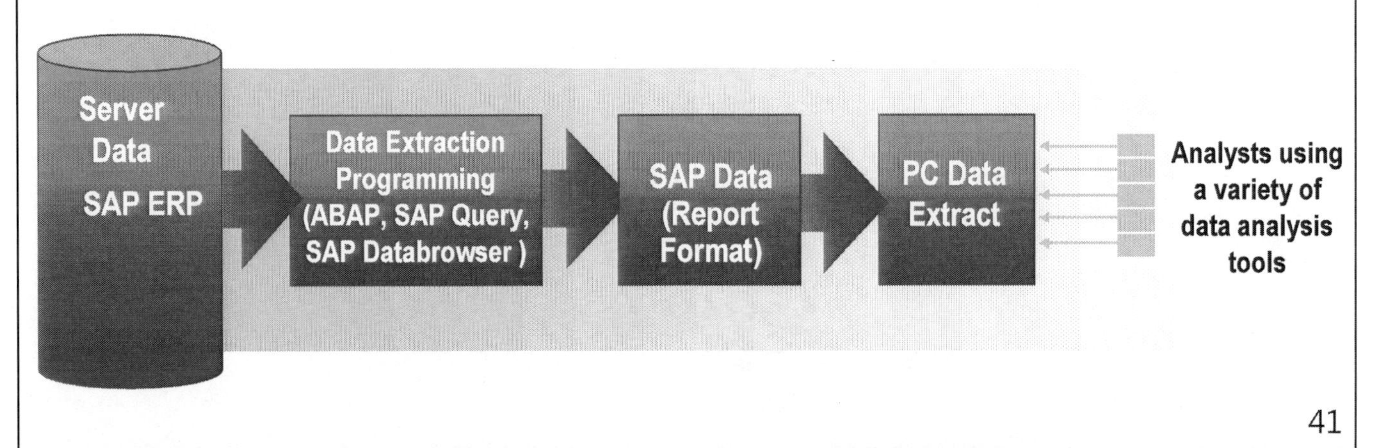

一般資料擷取工具的缺點

- **ABAP Programming**
  - 需要熟悉SAP系統架構
  - 需要具備程式設計能力
- **ABAP 4 Query**
  - 操作較為複雜
  - 需要先確認擷取資料表名稱及關聯
- **SAP Data browser**
  - 只能單次下載單一資料表
  - 無法下載View或Structure, 需先確認所需資料表名稱
  - 缺乏多個資料表的聯結能力
- **由查詢畫面或報表儲存資料**
  - 單一畫面可能未包含所需相關欄位, 需要分多次擷取
  - 包含複雜的報表階層或格式, 下載後不易比較分析

以SAP查核為例--SAP資料關連圖

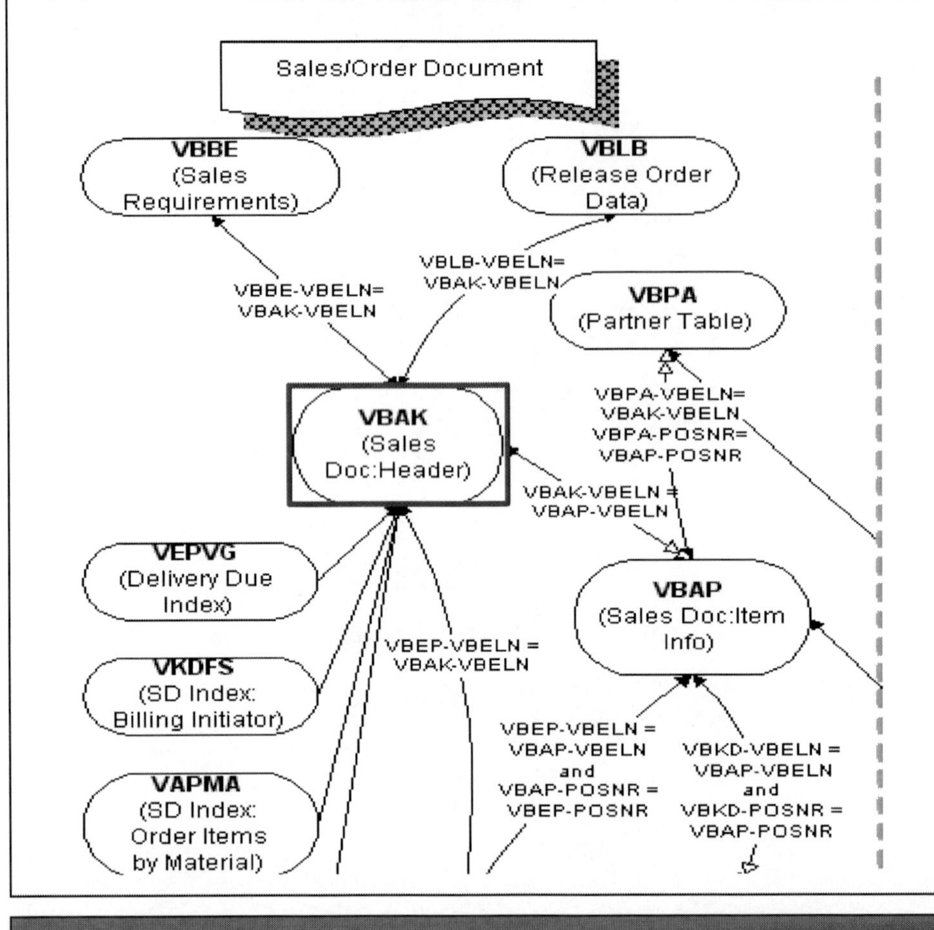

資料擷取方法:

1. 利用TCODE --SE11、SE16
2. 使用ACL Direct Link
3. 使用 ODBC

Jacksoft Commerce Automation Ltd.
Copyright © 2019 JACKSOFT.

以SAP查核為例--SAP資料關連圖

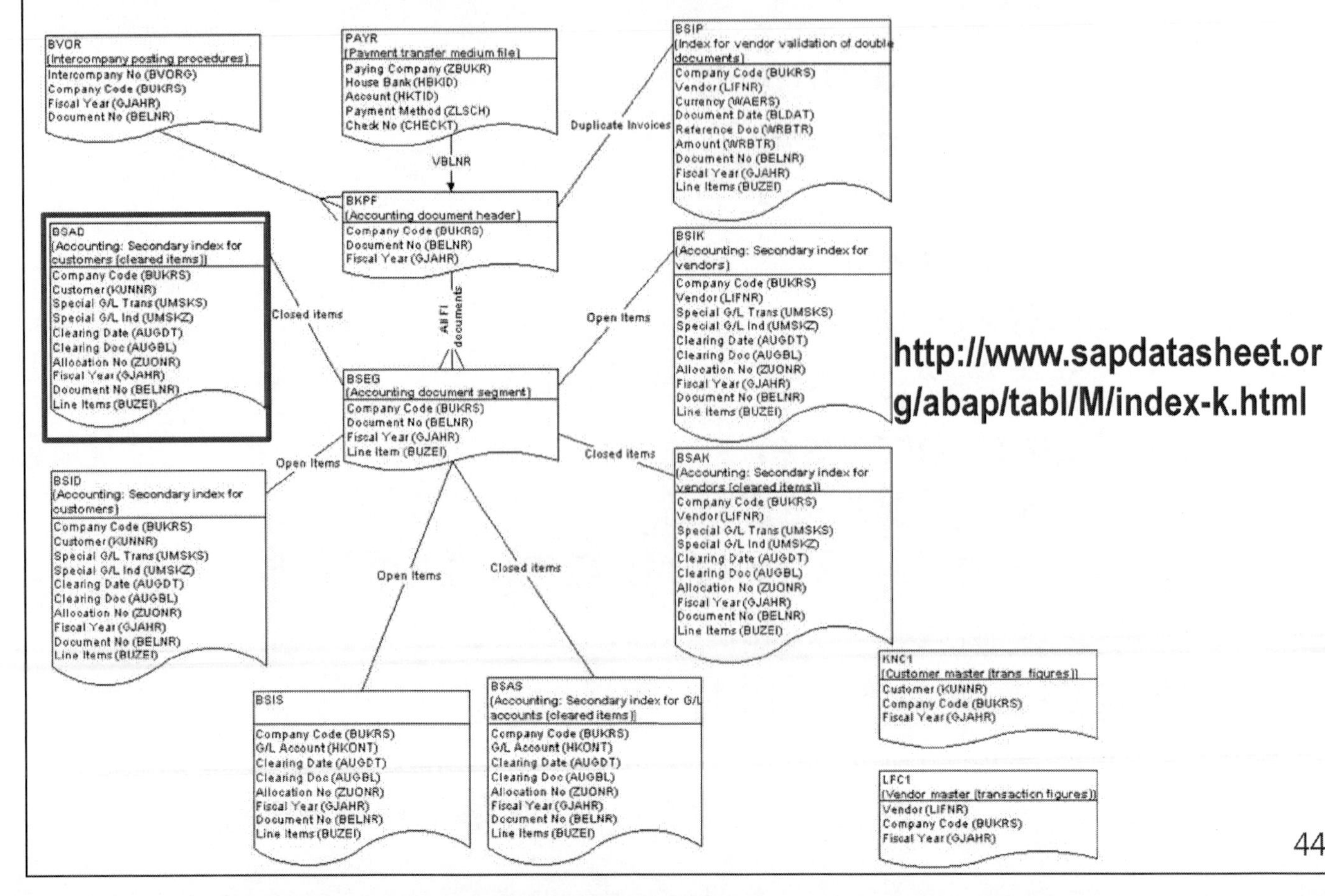

http://www.sapdatasheet.org/abap/tabl/M/index-k.html

(1) T-CODE: SE16 資料擷取

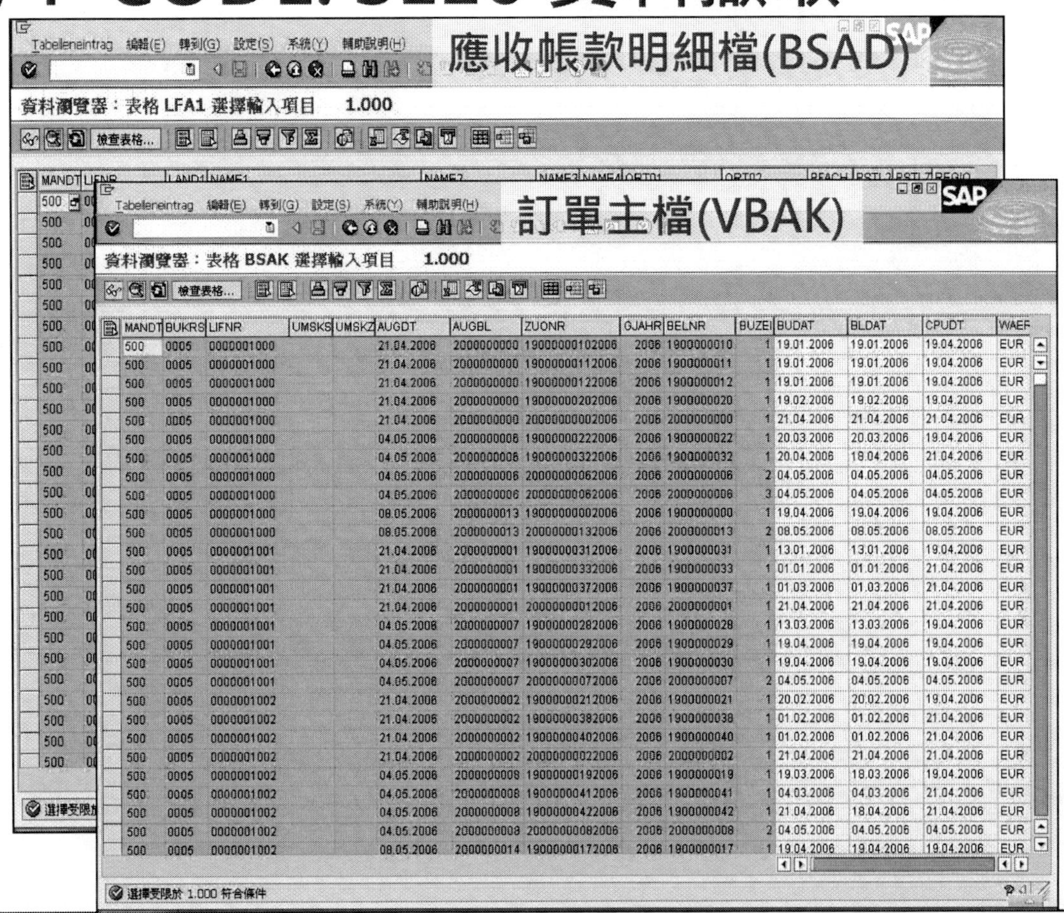

(2)Direct Link 智慧化表格與欄位搜尋

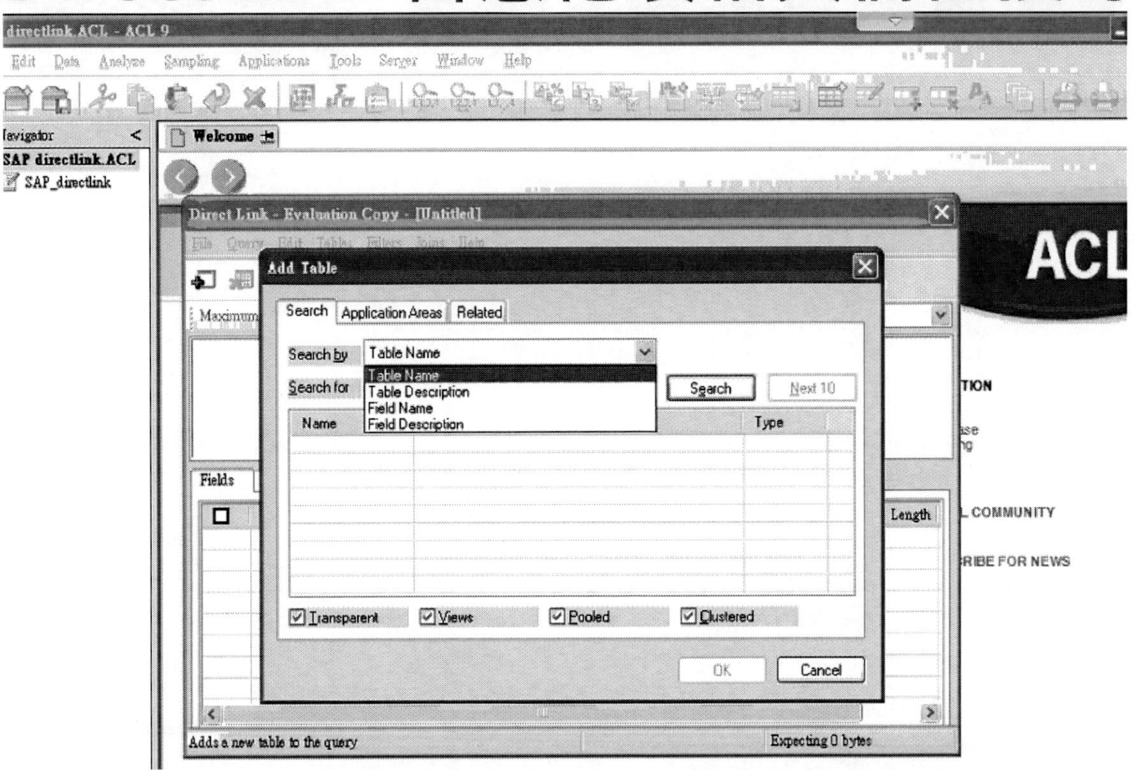

■ 提供您強大的資料查詢功能，讓您在數萬個資料表格的SAP ERP環境下，也能輕鬆找到所要的資料

Direct Link 模組化查詢

■ 可依SAP各模組分類方式，進行資料表查詢，並可隨時依需要往下展開，清楚掌握SAP資料表架構

SAP資料萃取特性比較

資料萃取特性	Direct Link	TCODE
智慧化查詢	• **多樣化條件查詢** (可依表格名稱、表格描述、欄位名稱、欄位描述查詢) • **模組化查詢** (依SAP模組查詢) • **多表關聯式查詢** 勝	• 僅能輸入表格名稱查詢 • 僅能由SAP畫面表單欄位回查表格，無法模組查詢 • 一次僅能查詢單表，無法查詢多表關聯
便利化使用	資料下載匯入步驟簡易，只需點選下載按鈕，**一步驟**即可完成資料下載與匯入ACL。勝	資料下載匯入步驟繁瑣：(1)下載為excel檔、(2)去除excel表頭資訊、(3)定義資料欄位格式匯入ACL。
彈性等待模式	可依系統資源使用狀態，選擇Extract Now (直接)或Background (背景)下載等待模式，不佔用資源，系統可待資源充裕時下載。勝	只提供直接下載方式，資料下載等待期間，直接佔用系統資源，可能因系統資源不足而中斷。
資料下載量	**約兩千萬筆**，最大下載資料檔案可達4GB (SAP GUI限制) 勝	Excel 2010版本，約70,000筆資料已難以開啟執行。
效能提升性	採**低優先權**處理，不強取系統資源，使系統執行效能提升。勝	採平等優先權處理，造成系統易因資源不足而效能降低。
獨立性	**獨立於SAP系統**，所有欄位皆可下載匯入ACL。勝	屬於SAP功能之一，且可由撰寫程式隱藏資料欄位，獨立性無法確保

(3)SAP ODBC 特色

- 非SAP 所開發軟體，獨立性無問題
- 全球各大資訊公司強力推薦的資料下載軟體
- 直接連結SAP ERP來建立稽核資料倉儲，解決您存取SAP資料時繁複的匯入/匯出程序與資料量過大的問題。
- SAP ERP 稽核資料字典，ACL連接SAP 就像連接一般資料庫一樣簡單。
- 直接與SAP ERP連接，下載大量資料至ACL中，進行相關查核作業。

SAP ODBC 使用方式

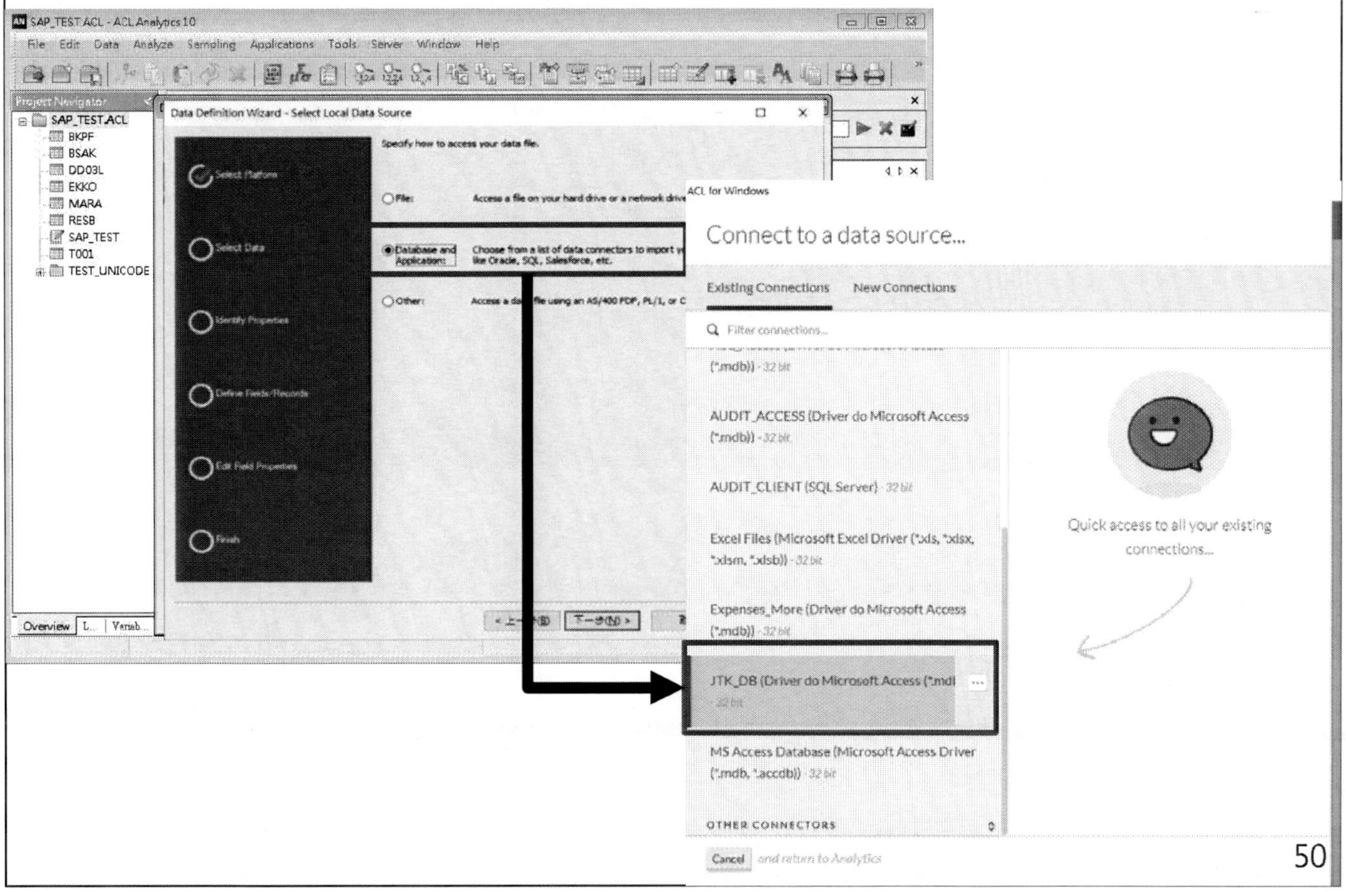

Jacksoft Commerce Automation Ltd.
Copyright © 2019 JACKSOFT.
SAP ODBC 使用方式(續)
ACL for Windows
Data Access
Connection
Name
JTK_DB
Database
D:\JTK_DB\
Staging Area
SQL MODE
ODS_BD_BDTXNH
Show Fields
Add filters to limit results...
Search tables...
AVAILABLE TABLES
Include System Tables
BKPF
Import Preview
Record count: 10 Size per record: 888 B Total size: 8.7 KB Estimate Size Refresh
Max Character Field Length 50
Max Memo Field Length 100
All Character
Salt
Back
Save
Cancel
51

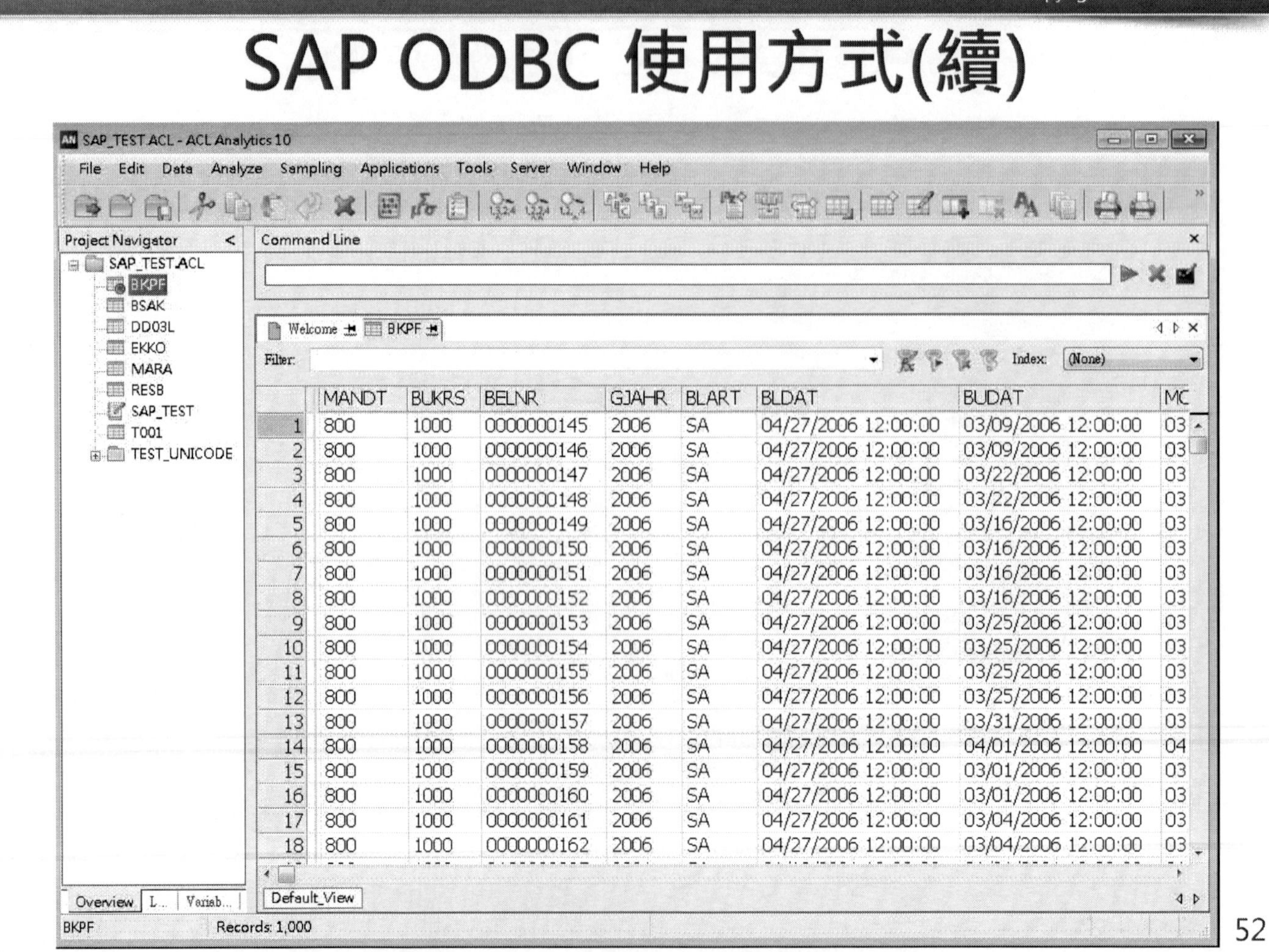

SAP ODBC 使用方式(續)
SAP_TEST.ACL - ACL Analytics 10
File Edit Data Analyze Sampling Applications Tools Server Window Help
Project Navigator
Command Line
SAP_TEST.ACL
BKPF
BSAK
DD03L
EKKO
MARA
RESB
SAP_TEST
T001
TEST_UNICODE
Welcome
BKPF
Filter:
Index:
(None)
MANDT BUKRS BELNR GJAHR BLART BLDAT BUDAT
Overview
Default_View
BKPF
Records: 1,000

SAP DL與 SAP ODBC->比較

比較項目	SAPDL+ACL+JTK	SAP ODBC+ACL+JTK
SAP 認證	DL 通過 SAP 認證通過軟體	透過外部的 SAP ODBC Driver 透過SAP GUI 來連線
Server 安裝方式	以標準SAP Add-On 方式安裝，產品整合度高	以建立 ABAP RFC Function modules方式安裝
技術複雜性	提供簡易的介面與操作指令，學習簡易	使用最通用的ODBC介面，無學習困難
資料字典	提供多種角度查詢SAP Data Dictionary的功能，僅可使用英文Dictionary	提供SAP稽核資料倉儲所需的基本Data Dictionary，可以使用英文/中文 Dictionary
資料下載量	資料下載為稽核資料分析檔案(FIL) ，無限制資料量速度快	資料下載為稽核資料分析檔案(FIL)，資料量受限於SAP設定
使用效能	提供**Extract Now** (直接)或**Background** (背景)下載模式，可利用自動排程方式提高效率。	提供**Extract Now** (直接)下載模式，可利用自動排程方式執行提高效率。

SAP稽核資料倉儲與 ACL 的結合功能特性

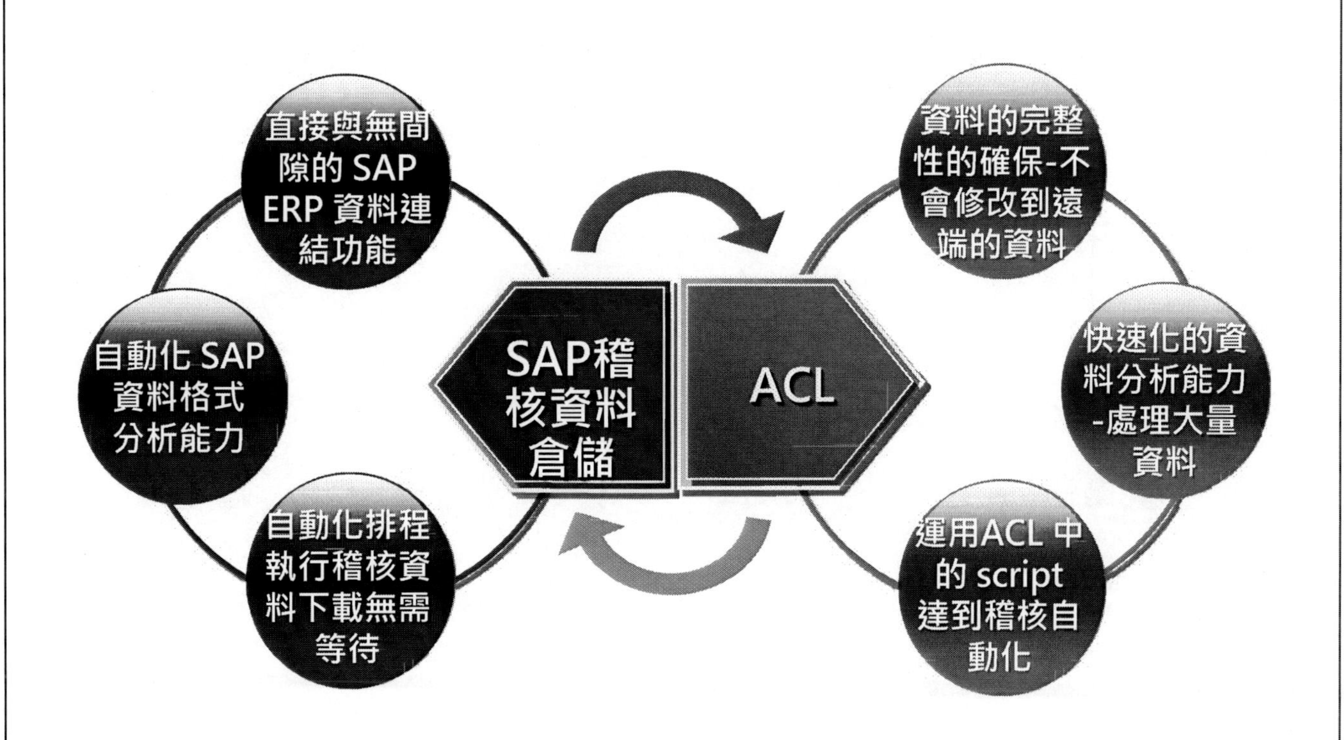

應收帳款明細檔欄位與型態(BSAD)

開始欄位	長度	欄位名稱	意義	型態	備註
1	24	AUFNR	訂單編號	C	
25	16	BUDAT	發票日期	D	YYYY/MM/DD
41	20	KUNNR	客戶編號	C	
61	7	PYAMT	收款金額	N	2
68	11	WRBTR	發票金額	N	2
75	20	BELNR	發票號碼	C	
95	6	ZLSCH	付款方式	C	

※在2011年有86,512筆賒銷交易，控制總數如下：
發票金額: $ 5,496,620,985.13
收款金額: $ 34,456,882.76
應收帳款餘額 : $ 5,462,164,102.37
備抵呆帳提列 : $ 5,402,904,010.19

銷售訂單主檔欄位與型態(VBAK)

開始欄位	長度	欄位名稱	意義	型態	備註
1	24	AUFNR	訂單編號	C	
25	16	ERDAT	建立日期	D	YYYY/MM/DD
41	24	ERNAM	銷售人員	C	
65	20	KUNNR	客戶編號	C	
85	12	ERZET	建立時間	C	
97	16	ANGDT	報價生效日	D	YYYY/MM/DD

※資料範圍為2010/7/1 ~ 2011/12/31 ，有128,569筆銷售訂單資料

3. 完成資料匯入與欄位定義-應收帳款明細檔

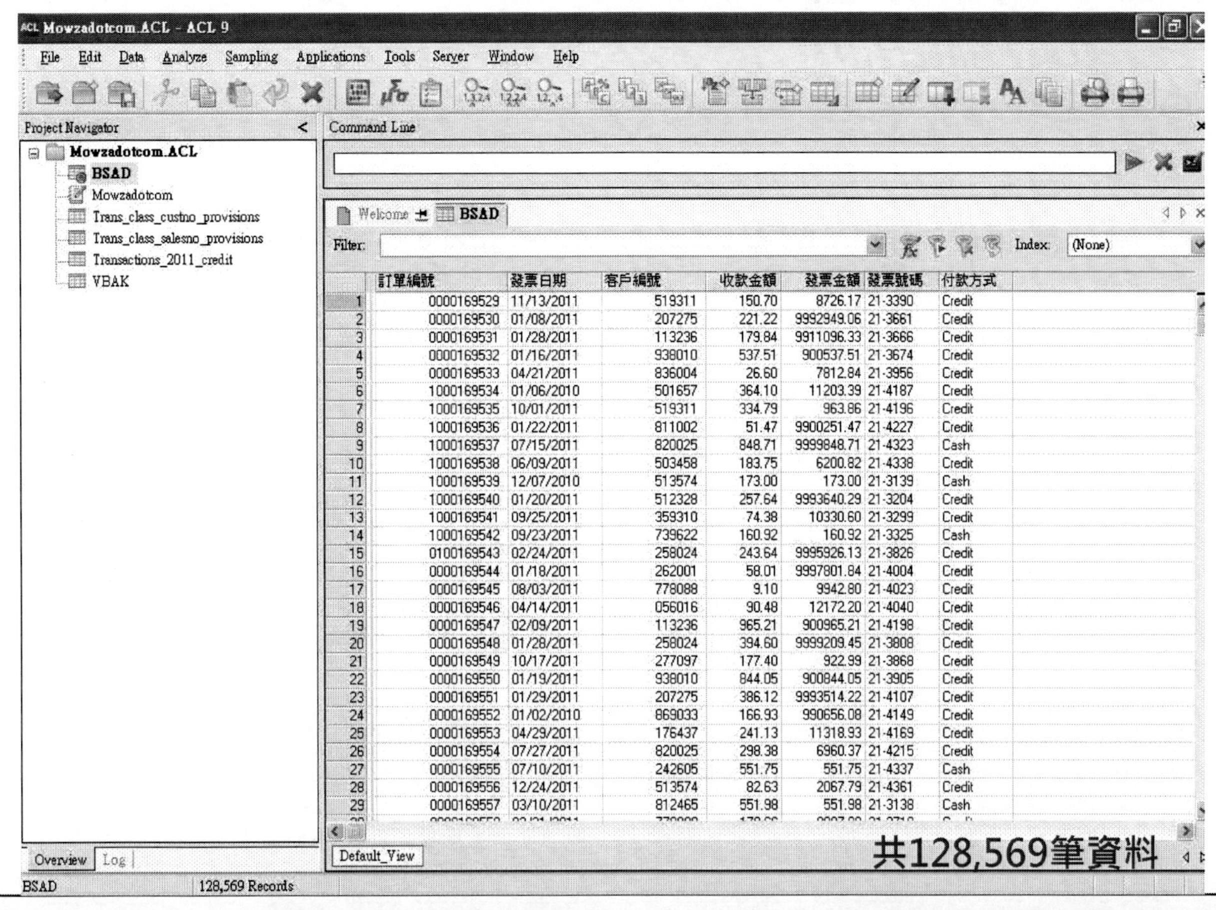

	訂單編號	發票日期	客戶編號	收款金額	發票金額	發票號碼	付款方式
1	0000169529	11/13/2011	519311	150.70	8726.17	21-3390	Credit
2	0000169530	01/08/2011	207275	221.22	9992949.06	21-3661	Credit
3	0000169531	01/28/2011	113236	179.84	9911096.33	21-3666	Credit
4	0000169532	01/16/2011	938010	537.51	900537.51	21-3674	Credit
5	0000169533	04/21/2011	836004	26.60	7812.84	21-3956	Credit
6	1000169534	01/06/2010	501657	364.10	11203.39	21-4187	Credit
7	1000169535	10/01/2011	519311	334.79	963.86	21-4196	Credit
8	1000169536	01/22/2011	811002	51.47	9900251.47	21-4227	Credit
9	1000169537	07/15/2011	820025	848.71	9999848.71	21-4323	Cash
10	1000169538	06/09/2011	503458	183.75	6200.82	21-4338	Credit
11	1000169539	12/07/2010	513574	173.00	173.00	21-3139	Cash
12	1000169540	01/20/2011	512328	257.64	9993640.29	21-3204	Credit
13	1000169541	09/25/2011	359310	74.38	10330.60	21-3299	Credit
14	1000169542	09/23/2011	739622	160.92	160.92	21-3325	Cash
15	0100169543	02/24/2011	258024	243.64	9995926.13	21-3826	Credit
16	0000169544	01/18/2011	262001	58.01	9997801.84	21-4004	Credit
17	0000169545	08/03/2011	778088	9.10	9942.80	21-4023	Credit
18	0000169546	04/14/2011	056016	90.48	12172.20	21-4040	Credit
19	0000169547	02/09/2011	113236	965.21	900965.21	21-4198	Credit
20	0000169548	01/28/2011	258024	394.60	9999209.45	21-3808	Credit
21	0000169549	10/17/2011	277097	177.40	922.99	21-3868	Credit
22	0000169550	01/19/2011	938010	844.05	900844.05	21-3905	Credit
23	0000169551	01/29/2011	207275	386.12	9993514.22	21-4107	Credit
24	0000169552	01/02/2010	869033	166.93	990656.08	21-4149	Credit
25	0000169553	04/29/2011	176437	241.13	11318.93	21-4169	Credit
26	0000169554	07/27/2011	820025	298.38	6960.37	21-4215	Credit
27	0000169555	07/10/2011	242605	551.75	551.75	21-4337	Cash
28	0000169556	12/24/2011	513574	82.63	2067.79	21-4361	Credit
29	0000169557	03/10/2011	812465	551.98	551.98	21-3138	Cash

完成資料匯入與欄位定義-銷售訂單主檔

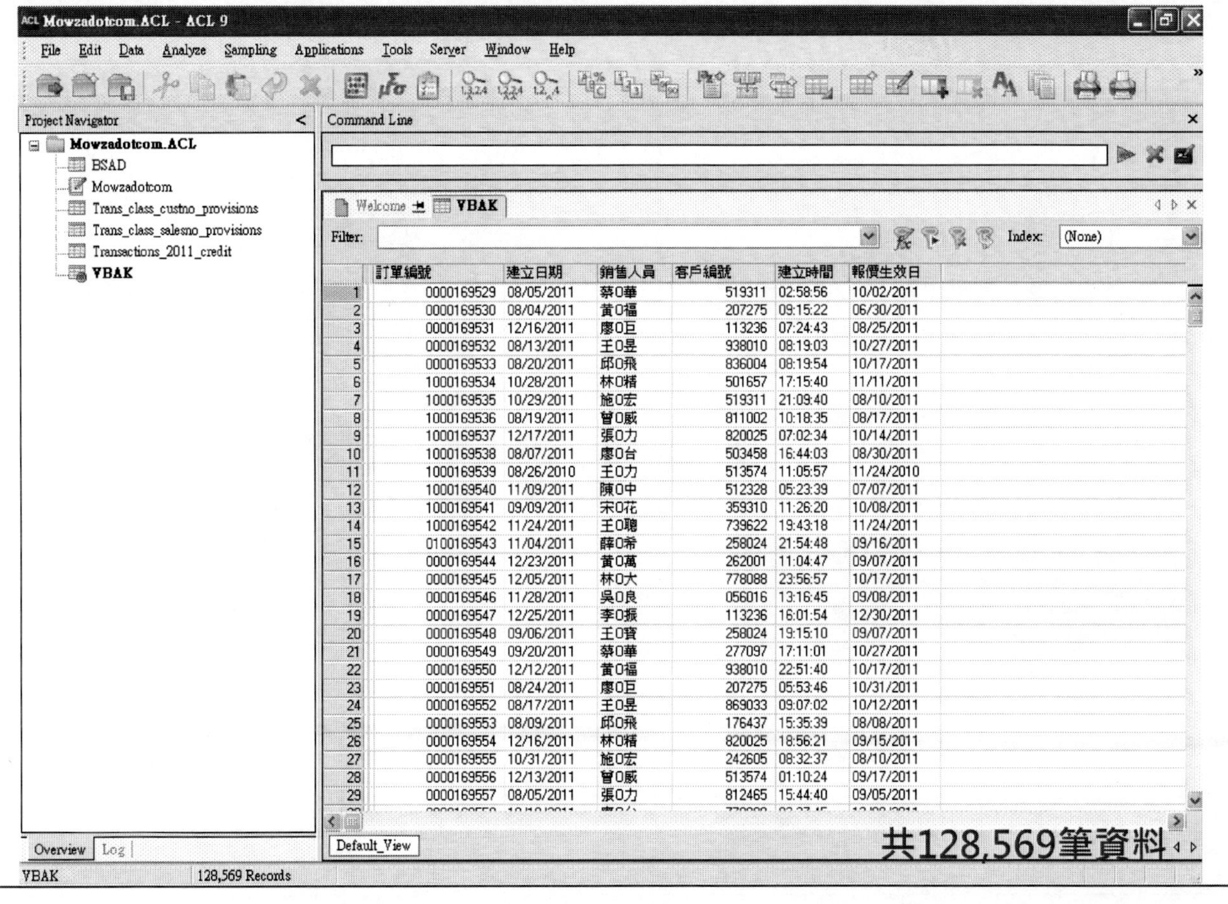

	訂單編號	建立日期	銷售人員	客戶編號	建立時間	報價生效日
1	0000169529	08/05/2011	蔡O華	519311	02:58:56	10/02/2011
2	0000169530	08/04/2011	黃O福	207275	09:15:22	06/30/2011
3	0000169531	12/16/2011	廖O巨	113236	07:24:43	08/25/2011
4	0000169532	08/13/2011	王O昱	938010	08:19:03	10/27/2011
5	0000169533	08/20/2011	邱O飛	836004	08:19:54	10/17/2011
6	1000169534	10/28/2011	林O精	501657	17:15:40	11/11/2011
7	1000169535	10/29/2011	施O宏	519311	21:09:40	08/10/2011
8	1000169536	08/19/2011	曾O威	811002	10:18:35	08/17/2011
9	1000169537	12/17/2011	張O力	820025	07:02:34	10/14/2011
10	1000169538	08/07/2011	廖O台	503458	16:44:03	08/30/2011
11	1000169539	08/26/2010	王O力	513574	11:05:57	11/24/2010
12	1000169540	11/09/2011	陳O中	512328	05:23:39	07/07/2011
13	1000169541	09/09/2011	宋O花	359310	11:26:20	10/08/2011
14	1000169542	11/24/2011	王O聰	739622	19:43:18	11/24/2011
15	0100169543	11/04/2011	薛O希	258024	21:54:48	09/16/2011
16	0000169544	12/23/2011	黃O萬	262001	11:04:47	09/07/2011
17	0000169545	12/05/2011	林O大	778088	23:56:57	10/17/2011
18	0000169546	11/28/2011	吳O良	056016	13:16:45	09/08/2011
19	0000169547	12/25/2011	李O振	113236	16:01:54	12/30/2011
20	0000169548	09/06/2011	王O寶	258024	19:15:10	09/07/2011
21	0000169549	09/20/2011	蔡O華	277097	17:11:01	10/27/2011
22	0000169550	12/12/2011	黃O福	938010	22:51:40	10/17/2011
23	0000169551	08/24/2011	廖O巨	207275	05:53:46	10/31/2011
24	0000169552	08/17/2011	王O昱	869033	09:07:02	10/12/2011
25	0000169553	08/09/2011	邱O飛	176437	15:35:39	08/08/2011
26	0000169554	12/16/2011	林O精	820025	18:56:21	09/15/2011
27	0000169555	10/31/2011	施O宏	242605	08:32:37	08/10/2011
28	0000169556	12/13/2011	曾O威	513574	01:10:24	09/17/2011
29	0000169557	08/05/2011	張O力	812465	15:44:40	09/05/2011

ACL 資料驗證彙總

To Check	Use	To Ensure
有效性	VERIFY	Data and Table are valid
控制總數	COUNT	Record counts, numeric fields agree to control totals
	TOTAL	
	STATISTICS	
資料區間	STATISTICS	Dates within bounds
	BETWEEN()	Filter data within bounds
跳號或資料缺漏	GAPS	Data is not missing
	ISBLANK()	Test for blanks where data is expected
重複	DUPLICATES	Unique transactions
資料正確性	Computed Fields	Valid processing
資料合理性	Various Commands	Data meets expectations
資料一致性	Various Commands	Data is consistent

Jacksoft Commerce Automation Ltd. Copyright © 2019 JACKSOFT.

4. 驗證: 確認完整性-Verify

- 開啟BSAD (應收帳款明細檔)
- Data→Verify
- 選取確認所有的欄位完整性
- Output選擇To Screen
- 點選"確定"完成

進行資料缺漏以及正確的欄位定義的測試

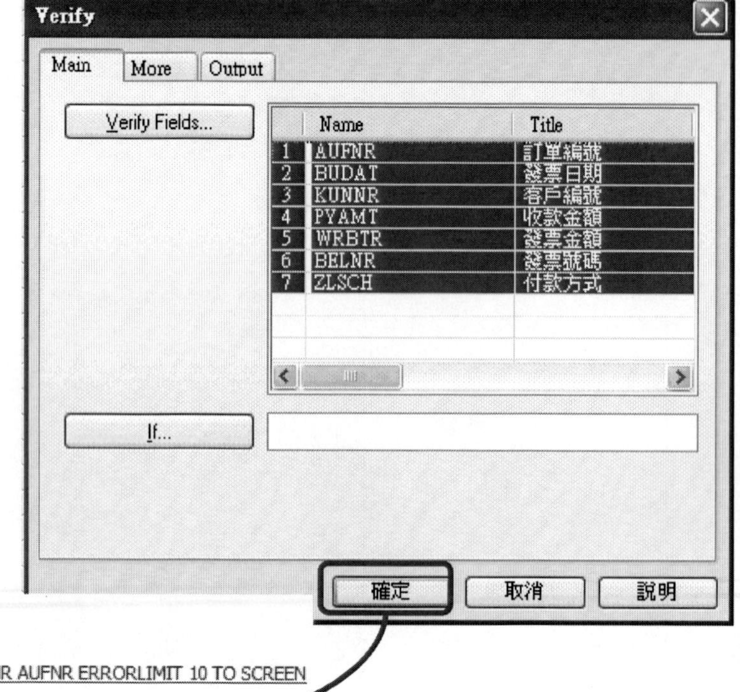

As of: 08/07/2012 14:42:45

Command: VERIFY FIELDS ZLSCH WRBTR PYAMT KUNNR BUDAT BELNR AUFNR ERRORLIMIT 10 TO SCREEN

Table: BSAD

0 data validity errors detected

確認正確性-Count

- Analyze→Count Records
- 點選"確定"完成

測試表單中只有所需的資料

筆數的合計數大於資訊部門所提供的筆數(128,569> 86,512)，需進一步調查其原因。

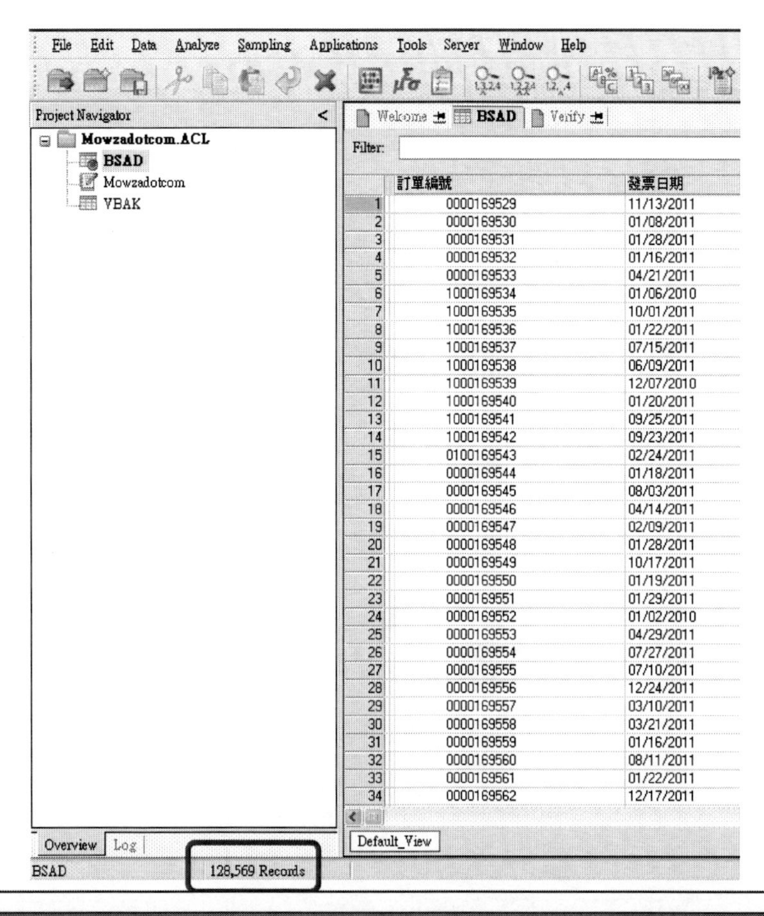

確認正確性-Statistics

- Analyze→Statistical →Statistics
- 選取發票資料的欄位(WRBTR、BUDAT)進行資料統計
- Output選擇To Screen
- 點選"確定"完成

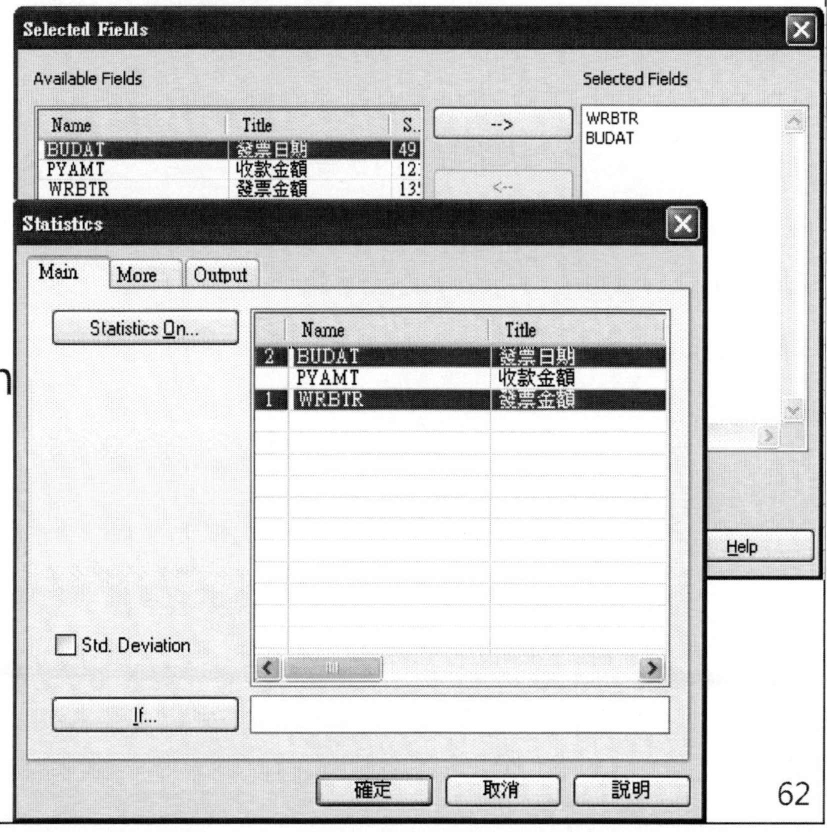

確認正確性-Statistics結果

As of: 08/13/2000 09:36:28
Command: STATISTICS ON WRBTR BUDAT TO SCREEN NUMBER 5
Table: BSAD

發票金額

	Number	Total	Average
Range	-	999,998,261.79	-
Positive	128,569	6,190,694,734.20	48,150.76
Negative	0	0.00	0.00
Zeros	0	-	-
Totals	128,569	6,190,694,734.20	48,150.76
Abs Value	-	6,190,694,734.20	-

Highest	Lowest
999,998,262.00	0.21
999,996,942.00	1.45
999,991,573.00	1.99
99,999,208.40	4.67
99,998,669.10	5.13

發票日期

	Number	Total	Average
Range	-	729	«Empty Date»

Highest	Lowest
12/31/2011	01/01/2010
12/31/2011	01/01/2010
12/31/2011	01/02/2010
12/31/2011	01/03/2010
12/31/2011	01/04/2010

發票日期的最小值不在2011年間

→包含其他年度資料。

確認正確性- Classify

- Analyze→Classify
- 選取ZLSCH欄位進行資料分類
- Output選擇To Screen
- 點選"確定"完成

包含現金(Cash)與賒銷(Credit)

→資訊部門所提供的報告格式只要2011年的賒銷資料

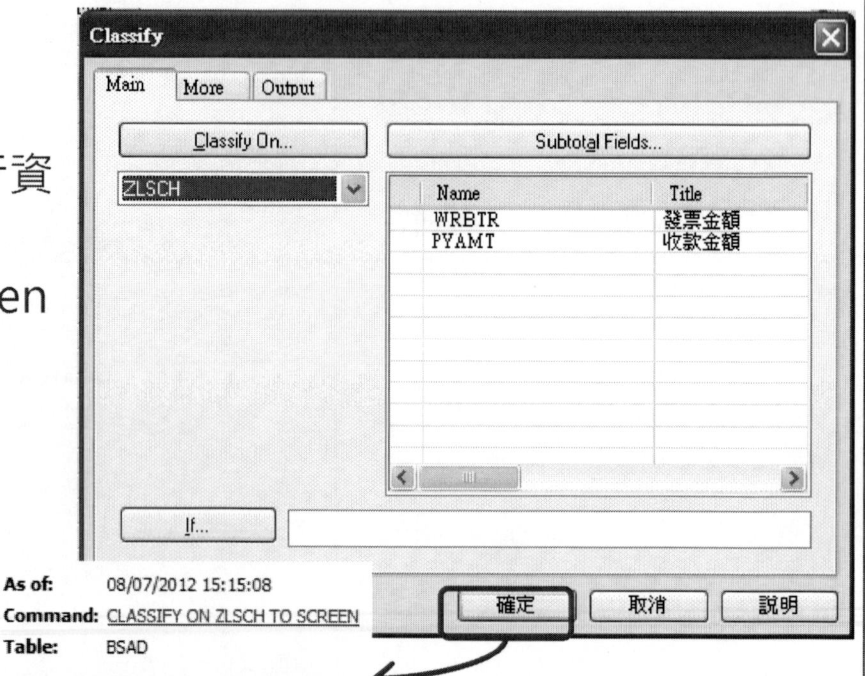

As of: 08/07/2012 15:15:08
Command: CLASSIFY ON ZLSCH TO SCREEN
Table: BSAD

付款方式	Count	Percent of Count
Cash	42,029	32.69%
Credit	86,540	67.31%
Totals	128,569	100%

計算應收帳款餘額-Computed Fields

- 開啟BSAD (應收帳款明細檔)
- Edit→Table Layout
- 點擊 fx
- 於Name文字框輸入**應收帳款餘額**
- 點擊 **f(x)**
- 於Expression文字框輸入
  WRBTR - PYAMT
- 點選Verify驗證篩選條件是否正確
- 點選" OK "完成
- 點選 ✔
- 關閉Table Layout

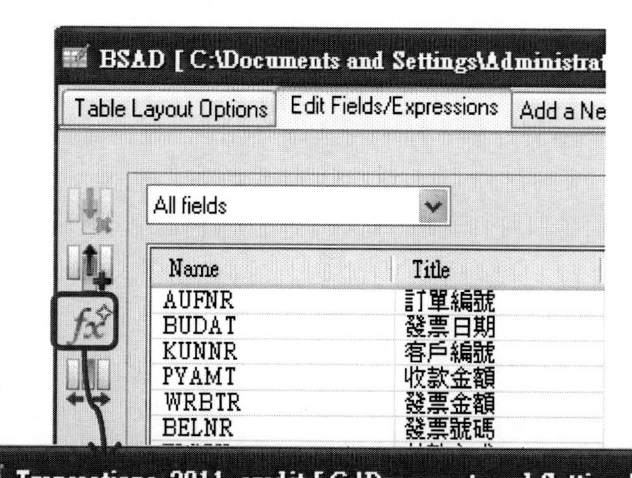

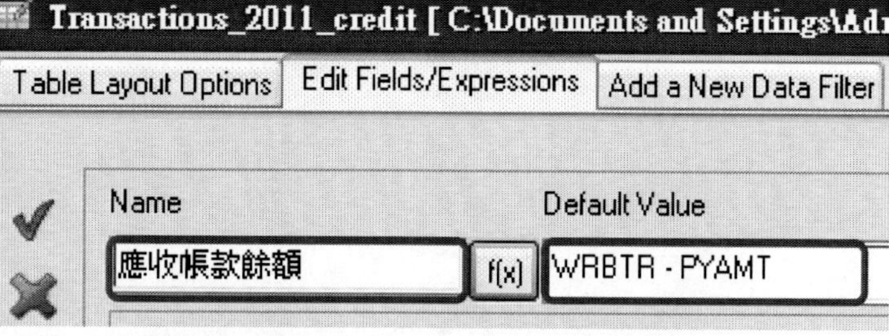

計算應收帳款餘額欄位

應收帳款餘額計算結果

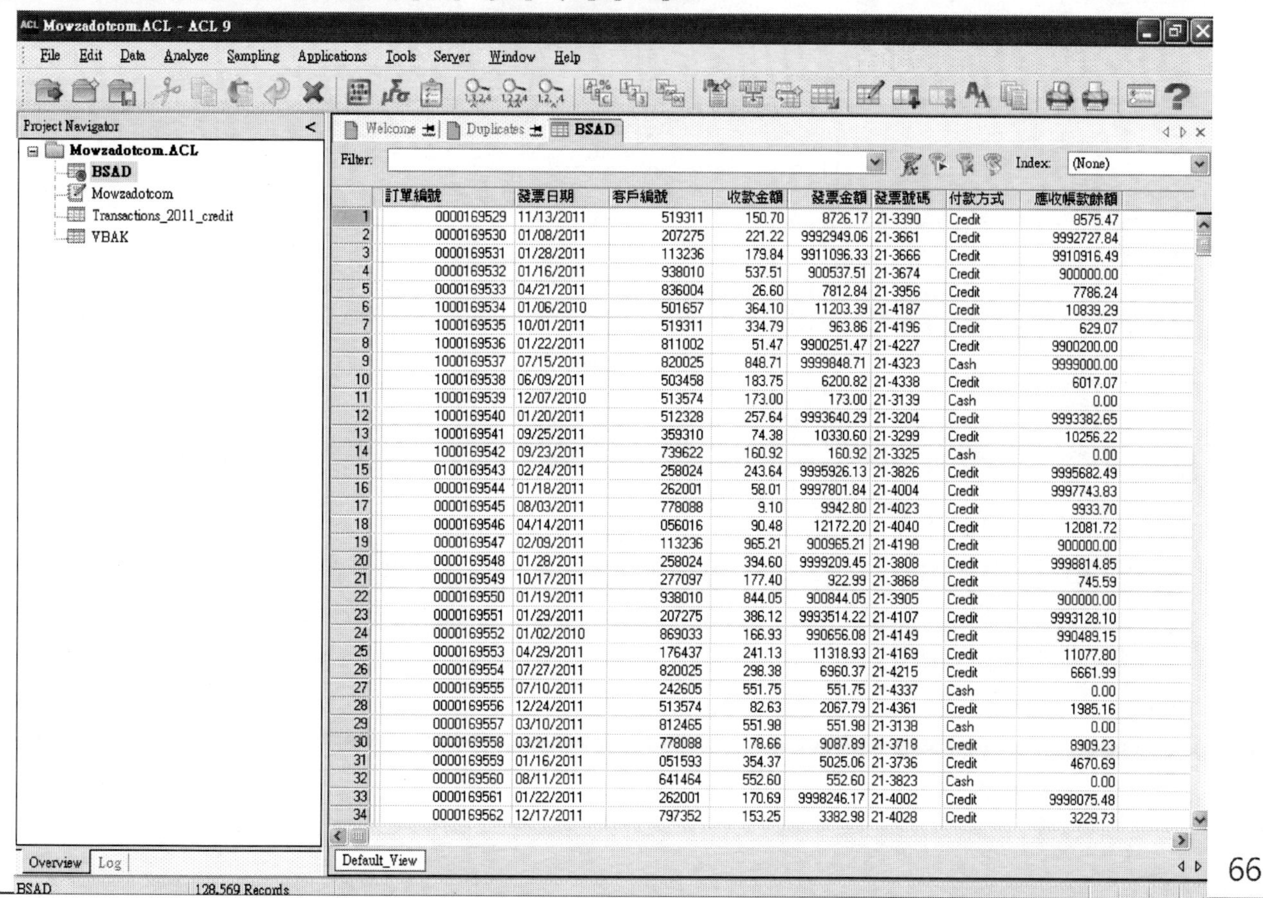

	訂單編號	發票日期	客戶編號	收款金額	發票金額	發票號碼	付款方式	應收帳款餘額
1	0000169529	11/13/2011	519311	150.70	8726.17	21-3390	Credit	8575.47
2	0000169530	01/08/2011	207275	221.22	9992949.06	21-3661	Credit	9992727.84
3	0000169531	01/28/2011	113236	179.84	9911096.33	21-3666	Credit	9910916.49
4	0000169532	01/16/2011	938010	537.51	900537.51	21-3674	Credit	900000.00
5	0000169533	04/21/2011	836004	26.60	7812.84	21-3956	Credit	7786.24
6	1000169534	01/06/2010	501657	364.10	11203.39	21-4187	Credit	10839.29
7	1000169535	10/01/2011	519311	334.79	963.86	21-4196	Credit	629.07
8	1000169536	01/22/2011	811002	51.47	9900251.47	21-4227	Credit	9900200.00
9	1000169537	07/15/2011	820025	848.71	9999848.71	21-4323	Cash	9999000.00
10	1000169538	06/09/2011	503458	183.75	6200.82	21-4338	Credit	6017.07
11	1000169539	12/07/2010	513574	173.00	173.00	21-3139	Cash	0.00
12	1000169540	01/20/2011	512328	257.64	9993640.29	21-3204	Credit	9993382.65
13	1000169541	09/25/2011	359310	74.38	10330.60	21-3299	Credit	10256.22
14	1000169542	09/23/2011	739622	160.92	160.92	21-3325	Cash	0.00
15	0100169543	02/24/2011	258024	243.64	9995926.13	21-3826	Credit	9995682.49
16	0000169544	01/18/2011	262001	58.01	9997801.84	21-4004	Credit	9997743.83
17	0000169545	08/03/2011	778088	9.10	9942.80	21-4023	Credit	9933.70
18	0000169546	04/14/2011	056016	90.48	12172.20	21-4040	Credit	12081.72
19	0000169547	02/09/2011	113236	965.21	900965.21	21-4198	Credit	900000.00
20	0000169548	01/28/2011	258024	394.60	9999209.45	21-3808	Credit	9998814.85
21	0000169549	10/17/2011	277097	177.40	922.99	21-3868	Credit	745.59
22	0000169550	01/19/2011	938010	844.05	900844.05	21-3905	Credit	900000.00
23	0000169551	01/29/2011	207275	386.12	9993514.22	21-4107	Credit	9993128.10
24	0000169552	01/02/2010	869033	166.93	990656.08	21-4149	Credit	990489.15
25	0000169553	04/29/2011	176437	241.13	11318.93	21-4169	Credit	11077.80
26	0000169554	07/27/2011	820025	298.38	6960.37	21-4215	Credit	6661.99
27	0000169555	07/10/2011	242605	551.75	551.75	21-4337	Cash	0.00
28	0000169556	12/24/2011	513574	82.63	2067.79	21-4361	Credit	1985.16
29	0000169557	03/10/2011	812465	551.98	551.98	21-3138	Cash	0.00
30	0000169558	03/21/2011	778088	178.66	9087.89	21-3718	Credit	8909.23
31	0000169559	01/16/2011	051593	354.37	5025.06	21-3736	Credit	4670.69
32	0000169560	08/11/2011	641464	552.60	552.60	21-3823	Cash	0.00
33	0000169561	01/22/2011	262001	170.69	9998246.17	21-4002	Credit	9998075.48
34	0000169562	12/17/2011	797352	153.25	3382.98	21-4028	Credit	3229.73

建立所需新表-Filter

- 點擊Filter進行資料篩選

(如上圖紅框處)

Welcome | Duplicates | BSAD

Filter: | Index: (None)

	訂單編號	發票日期	客戶編號	收款金額	發票金額	發票號碼	付款方式	應收帳款餘額
1	0000169529	11/13/2011	519311	150.70	8726.17	21-3390	Credit	8575.47
2	0000169530	01/08/2011	207275	221.22	9992949.06	21-3661	Credit	9992727.84
3	0000169531	01/28/2011	113236	179.84	9911096.33	21-3666	Credit	9910916.49
4	0000169532	01/16/2011	938010	537.51	900537.51	21-3674	Credit	900000.00
5	0000169533	04/21/2011	836004	26.60	7812.84	21-3956	Credit	7786.24
6	1000169534	01/06/2010	501657	364.10	11203.39	21-4187	Credit	10839.29
7	1000169535	10/01/2011	519311	334.79	963.86	21-4196	Credit	629.07
8	1000169536	01/22/2011	811002	51.47	9900251.47	21-4227	Credit	9900200.00
9	1000169537	07/15/2011	820025	848.71	9999848.71	21-4323	Cash	9999000.00
10	1000169538	06/09/2011	503458	183.75	6200.82	21-4338	Credit	6017.07
11	1000169539	12/07/2010	513574	173.00	173.00	21-3139	Cash	0.00
12	1000169540	01/20/2011	512328	257.64	9993640.29	21-3204	Credit	9993382.65
13	1000169541	09/25/2011	359310	74.38	10330.60	21-3299	Credit	10256.22
14	1000169542	09/23/2011	739622	160.92	160.92	21-3325	Cash	0.00
15	0100169543	02/24/2011	258024	243.64	9995926.13	21-3826	Credit	9995682.49
16	0000169544	01/18/2011	262001	58.01	9997801.84	21-4004	Credit	9997743.83
17	0000169545	08/03/2011	778088	9.10	9942.80	21-4023	Credit	9933.70
18	0000169546	04/14/2011	056016	90.48	12172.20	21-4040	Credit	12081.72
19	0000169547	02/09/2011	113236	965.21	900965.21	21-4198	Credit	900000.00
20	0000169548	01/28/2011	258024	394.60	9999209.45	21-3808	Credit	9998814.85
21	0000169549	10/17/2011	277097	177.40	922.99	21-3868	Credit	745.59
22	0000169550	01/19/2011	938010	844.05	900844.05	21-3905	Credit	900000.00
23	0000169551	01/29/2011	207275	386.12	9993514.22	21-4107	Credit	9993128.10
24	0000169552	01/02/2010	869033	166.93	990656.08	21-4149	Credit	990489.15
25	0000169553	04/29/2011	176437	241.13	11318.93	21-4169	Credit	11077.80
26	0000169554	07/27/2011	820025	298.38	6960.37	21-4215	Credit	6661.99
27	0000169555	07/10/2011	242605	551.75	551.75	21-4337	Cash	0.00
28	0000169556	12/24/2011	513574	82.63	2067.79	21-4361	Credit	1985.16
29	0000169557	03/10/2011	812465	551.98	551.98	21-3138	Cash	0.00
30	0000169558	03/21/2011	778088	178.66	9087.89	21-3718	Credit	8909.23
31	0000169559	01/16/2011	051593	354.37	5025.06	21-3736	Credit	4670.69
32	0000169560	08/11/2011	641464	552.60	552.60	21-3823	Cash	0.00
33	0000169561	01/22/2011	262001	170.69	9998246.17	21-4002	Credit	9998075.48
34	0000169562	12/17/2011	797352	153.25	3382.98	21-4028	Credit	3229.73

Default_View

建立所需新表-Filter

- 輸入查詢條件：2011年所有的賒銷資料

  ZLSCH= "Credit" AND BETWEEN(BUDAT, '20110101', '20111231')
- 輸入後點擊Verify驗證條件是否錯誤
- 完成驗證後，點擊「OK」

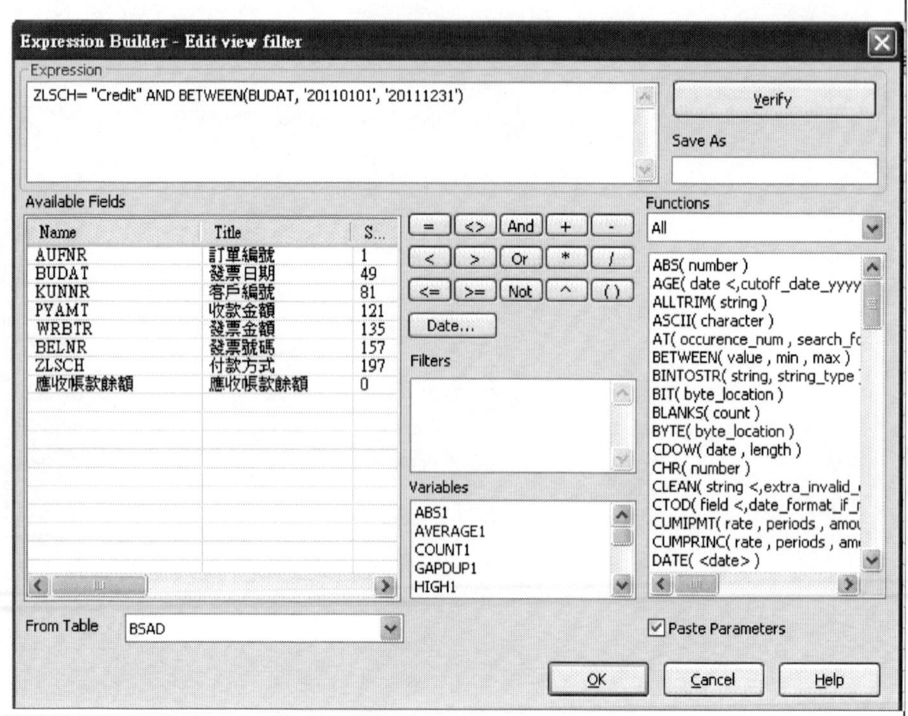

建立所需新表-Filter結果

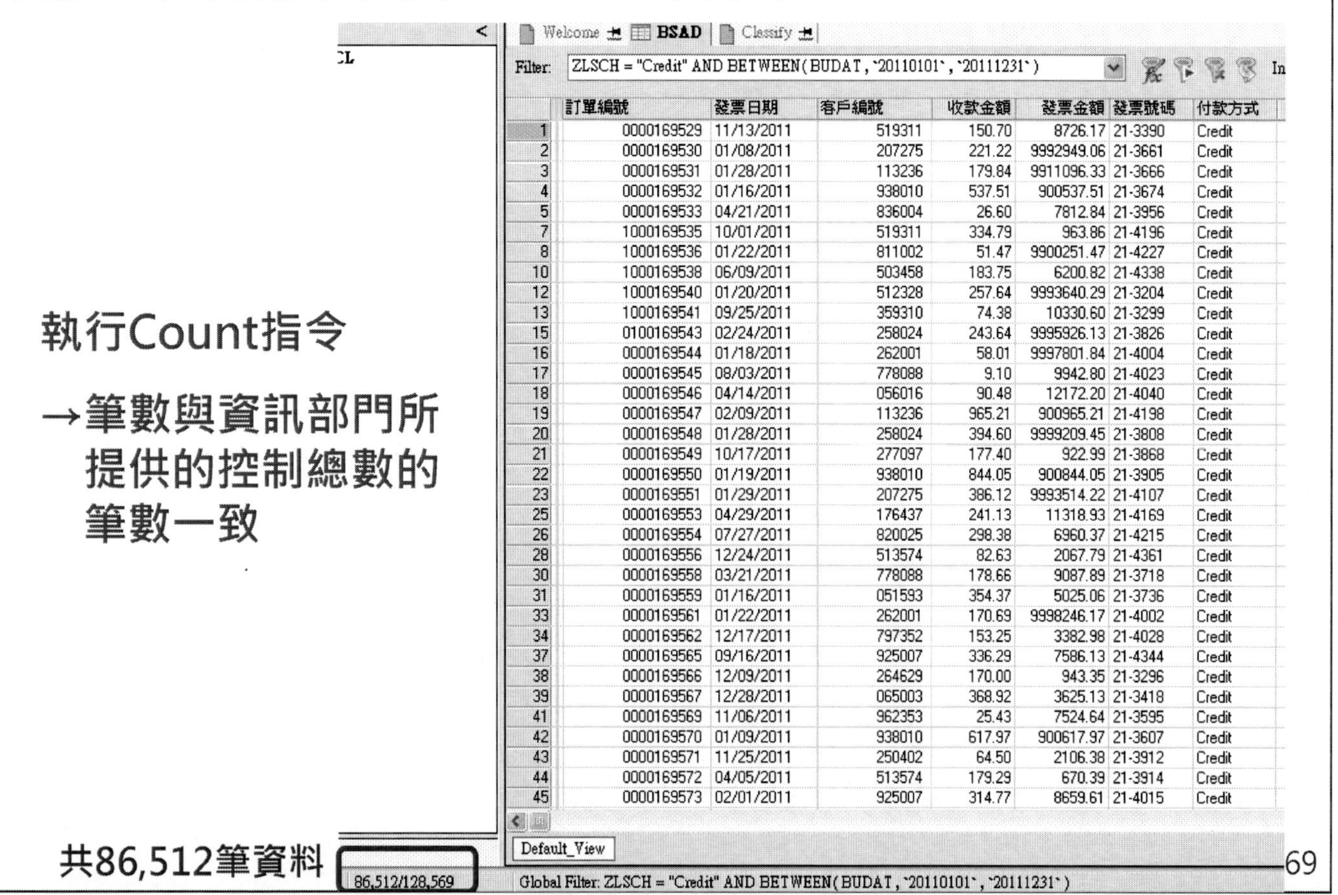

	訂單編號	發票日期	客戶編號	收款金額	發票金額	發票號碼	付款方式
1	0000169529	11/13/2011	519311	150.70	8726.17	21-3390	Credit
2	0000169530	01/08/2011	207275	221.22	9992949.06	21-3661	Credit
3	0000169531	01/28/2011	113236	179.84	9911096.33	21-3666	Credit
4	0000169532	01/16/2011	938010	537.51	900537.51	21-3674	Credit
5	0000169533	04/21/2011	836004	26.60	7812.84	21-3956	Credit
7	1000169535	10/01/2011	519311	334.79	963.86	21-4196	Credit
8	1000169536	01/22/2011	811002	51.47	9900251.47	21-4227	Credit
10	1000169538	06/09/2011	503458	183.75	6200.82	21-4338	Credit
12	1000169540	01/20/2011	512328	257.64	9993640.29	21-3204	Credit
13	1000169541	09/25/2011	359310	74.38	10330.60	21-3299	Credit
15	0100169543	02/24/2011	258024	243.64	9995926.13	21-3826	Credit
16	0000169544	01/18/2011	262001	58.01	9997801.84	21-4004	Credit
17	0000169545	08/03/2011	778088	9.10	9942.80	21-4023	Credit
18	0000169546	04/14/2011	056016	90.48	12172.20	21-4040	Credit
19	0000169547	02/09/2011	113236	965.21	900965.21	21-4198	Credit
20	0000169548	01/28/2011	258024	394.60	9999209.45	21-3808	Credit
21	0000169549	10/17/2011	277097	177.40	922.99	21-3868	Credit
22	0000169550	01/19/2011	938010	844.05	900844.05	21-3905	Credit
23	0000169551	01/29/2011	207275	386.12	9993514.22	21-4107	Credit
25	0000169553	04/29/2011	176437	241.13	11318.93	21-4169	Credit
26	0000169554	07/27/2011	820025	298.38	6960.37	21-4215	Credit
28	0000169556	12/24/2011	513574	82.63	2067.79	21-4361	Credit
30	0000169558	03/21/2011	778088	178.66	9087.89	21-3718	Credit
31	0000169559	01/16/2011	051593	354.37	5025.06	21-3736	Credit
33	0000169561	01/22/2011	262001	170.69	9998246.17	21-4002	Credit
34	0000169562	12/17/2011	797352	153.25	3382.98	21-4028	Credit
37	0000169565	09/16/2011	925007	336.29	7586.13	21-4344	Credit
38	0000169566	12/09/2011	264629	170.00	943.35	21-3296	Credit
39	0000169567	12/28/2011	065003	368.92	3625.13	21-3418	Credit
41	0000169569	11/06/2011	962353	25.43	7524.64	21-3595	Credit
42	0000169570	01/09/2011	938010	617.97	900617.97	21-3607	Credit
43	0000169571	11/25/2011	250402	64.50	2106.38	21-3912	Credit
44	0000169572	04/05/2011	513574	179.29	670.39	21-3914	Credit
45	0000169573	02/01/2011	925007	314.77	8659.61	21-4015	Credit

執行Count指令

→筆數與資訊部門所提供的控制總數的筆數一致

共86,512筆資料

建立所需新表- Extract

- 選擇Data→Extract Data
- 選擇以Record的型式輸出資料
- 將檔名命名為Transactions_2011_credit
- 點擊「確定」

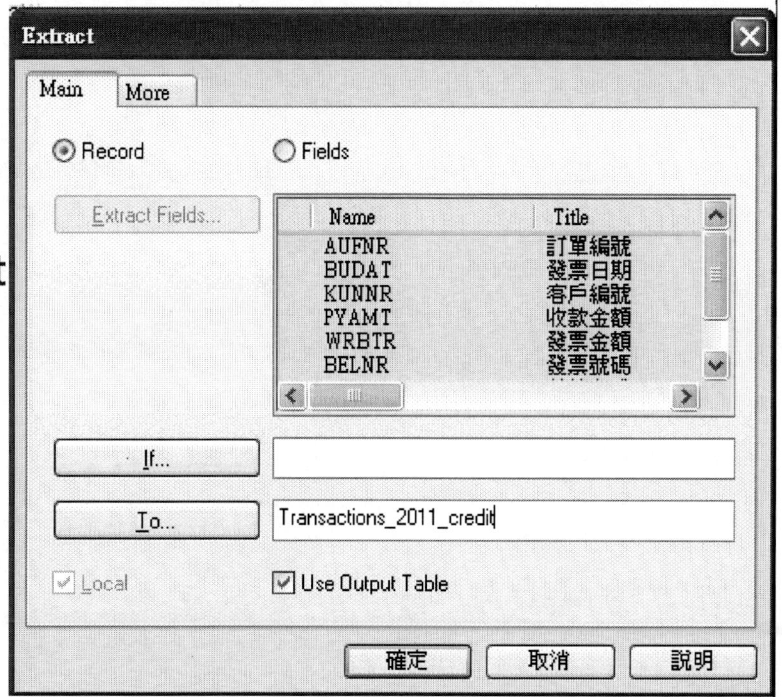

建立所需新表- Extract結果

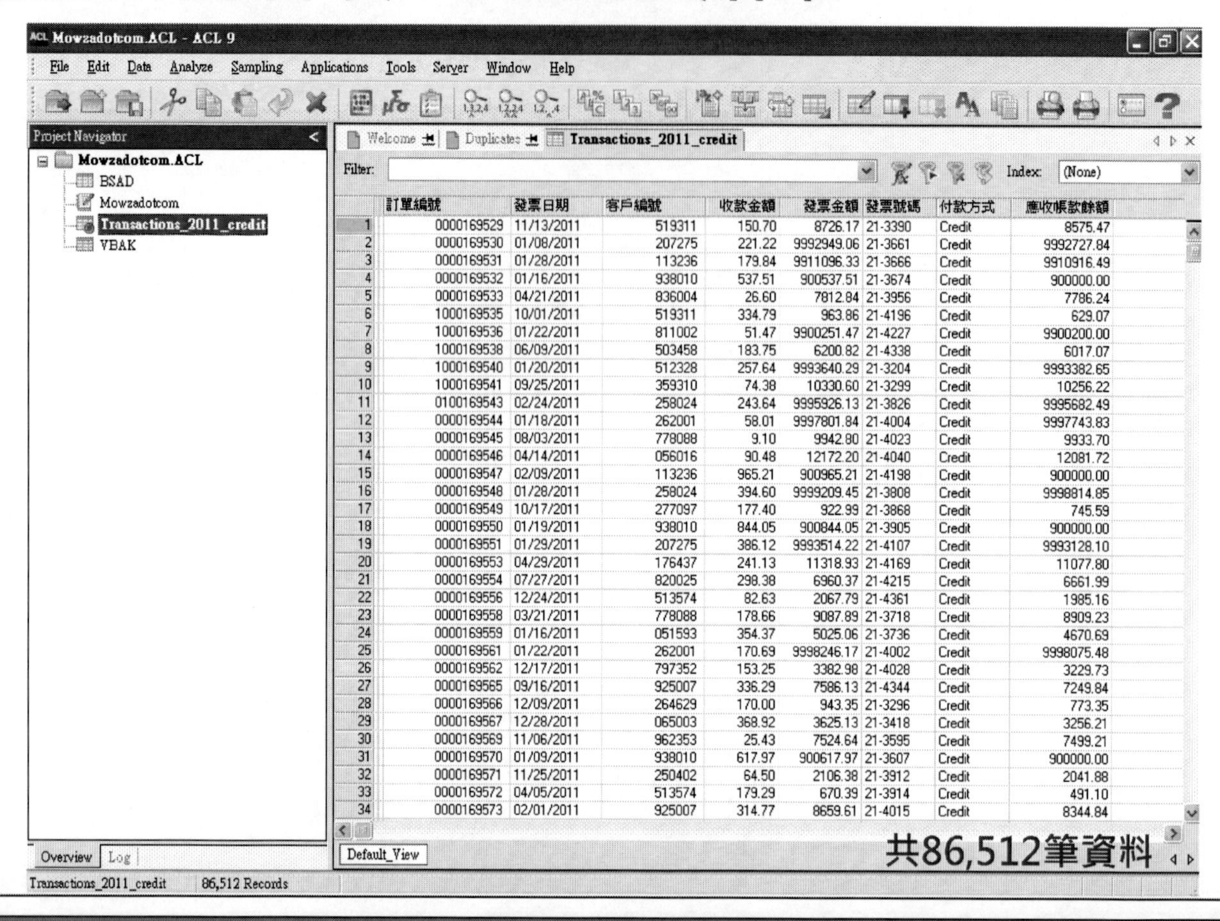

	訂單編號	發票日期	客戶編號	收款金額	發票金額	發票號碼	付款方式	應收帳款餘額
1	0000169529	11/13/2011	519311	150.70	8726.17	21-3390	Credit	8575.47
2	0000169530	01/08/2011	207275	221.22	9992949.06	21-3661	Credit	9992727.84
3	0000169531	01/28/2011	113236	179.84	9911096.33	21-3666	Credit	9910916.49
4	0000169532	01/16/2011	938010	537.51	900537.51	21-3674	Credit	900000.00
5	0000169533	04/21/2011	836004	26.60	7812.84	21-3956	Credit	7786.24
6	1000169535	10/01/2011	519311	334.79	963.86	21-4196	Credit	629.07
7	1000169536	01/22/2011	811002	51.47	9900251.47	21-4227	Credit	9900200.00
8	1000169538	06/09/2011	503458	183.75	6200.82	21-4338	Credit	6017.07
9	1000169540	01/20/2011	512328	257.64	9993640.29	21-3204	Credit	9993382.65
10	1000169541	09/25/2011	359310	74.38	10330.60	21-3299	Credit	10256.22
11	0100169543	02/24/2011	258024	243.64	9995926.13	21-3826	Credit	9995682.49
12	0000169544	01/18/2011	262001	58.01	9997801.84	21-4004	Credit	9997743.83
13	0000169545	08/03/2011	778088	9.10	9942.80	21-4023	Credit	9933.70
14	0000169546	04/14/2011	056016	90.48	12172.20	21-4040	Credit	12081.72
15	0000169547	02/09/2011	113236	965.21	900965.21	21-4198	Credit	900000.00
16	0000169548	01/28/2011	258024	394.60	9999209.45	21-3808	Credit	9998814.85
17	0000169549	10/17/2011	277097	177.40	922.99	21-3868	Credit	745.59
18	0000169550	01/19/2011	938010	844.05	900844.05	21-3905	Credit	900000.00
19	0000169551	01/29/2011	207275	386.12	9993514.22	21-4107	Credit	9993128.10
20	0000169553	04/29/2011	176437	241.13	11318.93	21-4169	Credit	11077.80
21	0000169554	07/27/2011	820025	298.38	6960.37	21-4215	Credit	6661.99
22	0000169556	12/24/2011	513574	82.63	2067.79	21-4361	Credit	1985.16
23	0000169558	03/21/2011	778088	178.66	9087.89	21-3718	Credit	8909.23
24	0000169559	01/16/2011	051593	354.37	5025.06	21-3736	Credit	4670.69
25	0000169561	01/22/2011	262001	170.69	9998246.17	21-4002	Credit	9998075.48
26	0000169562	12/17/2011	797352	153.25	3382.98	21-4028	Credit	3229.73
27	0000169565	09/16/2011	925007	336.29	7586.13	21-4344	Credit	7249.84
28	0000169566	12/09/2011	264629	170.00	943.35	21-3296	Credit	773.35
29	0000169567	12/28/2011	065003	368.92	3625.13	21-3418	Credit	3256.21
30	0000169569	11/06/2011	962353	25.43	7524.64	21-3595	Credit	7499.21
31	0000169570	01/09/2011	938010	617.97	900617.97	21-3607	Credit	900000.00
32	0000169571	11/25/2011	250402	64.50	2106.38	21-3912	Credit	2041.88
33	0000169572	04/05/2011	513574	179.29	670.39	21-3914	Credit	491.10
34	0000169573	02/01/2011	925007	314.77	8659.61	21-4015	Credit	8344.84

確認唯一性-Duplicates

- 開啟 Transactions_2011_credit
- Analyze→Look for Duplicate
- 選取所有欄位檢查重複
- Output選擇 To Screen
- 點選「確定」

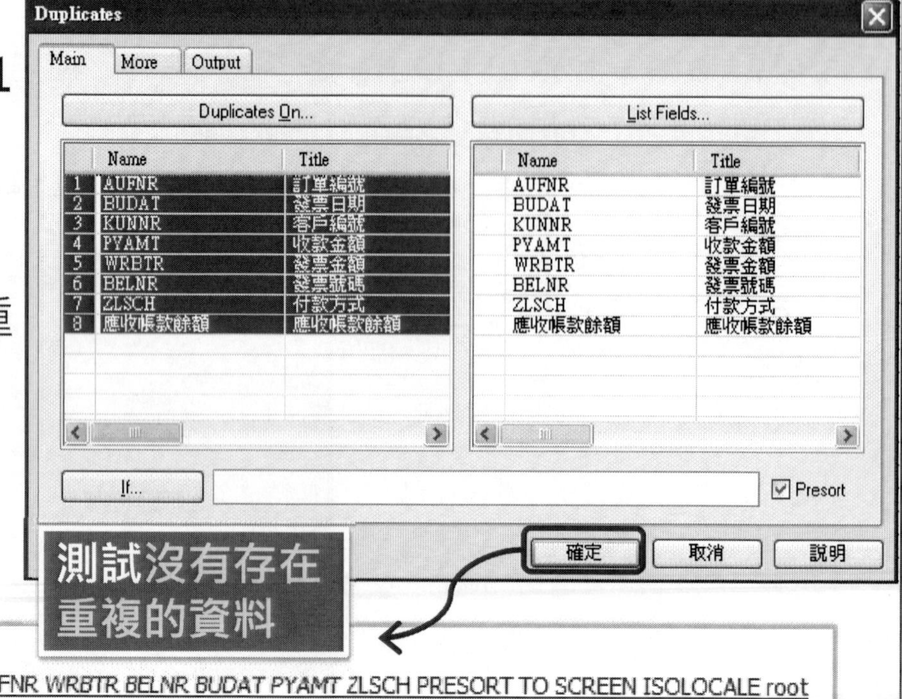

As of: 08/07/2012 15:33:37

Command: DUPLICATES ON KUNNR AUFNR WRBTR BELNR BUDAT PYAMT ZLSCH PRESORT TO SCREEN ISOLOCALE root

Table: Transactions_2011_credit

0 duplicates detected

確認正確性-Total Fields

- 選擇Analyze→Total Fields
- 選取**應收帳款餘額**欄位計算總額
- 點擊「確定」

應收帳款餘額與資訊部門所提供的資訊相同

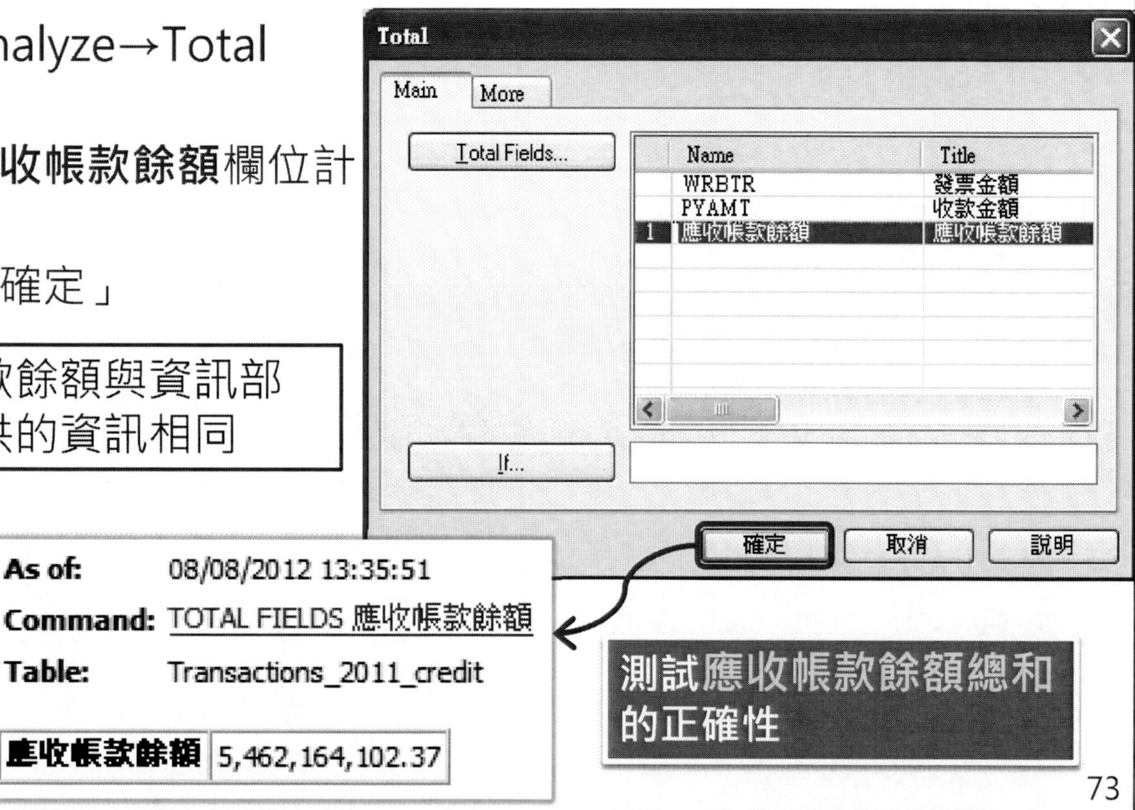

5. 分析:
稽核目標1: 驗證備抵呆帳提列是否正確稽核流程圖

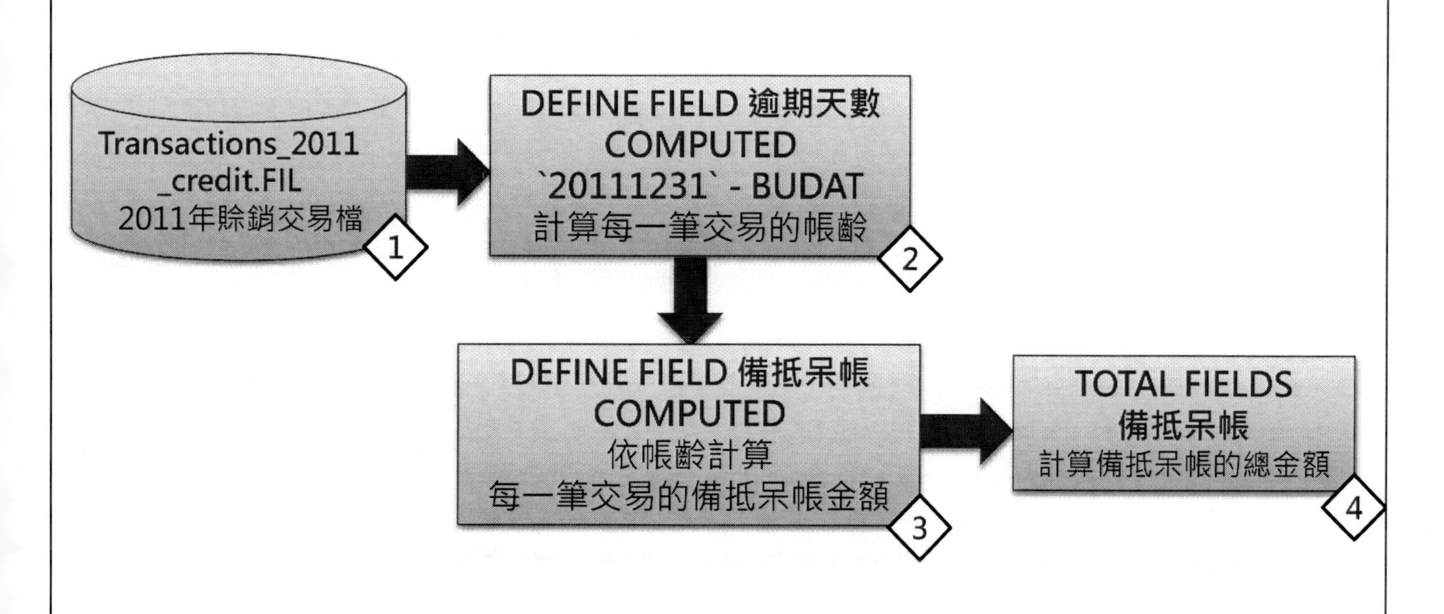

確認賒銷的備抵呆帳金額

- 開啟**Transactions_2011_credit**
- Edit→Table Layout
- 點擊
- 於Name文字框輸入**逾期天數**
- 點擊 **f(x)**
- 於Expression文字框輸入
  '20111231' - BUDAT
- 點選Verify驗證篩選條件是否正確
- 點選" OK "完成
- 點選
- 關閉Table Layout

確認賒銷的備抵呆帳金額-條件式計算欄位

- Edit→Table Layout
- 點擊
- 於Name文字框輸入**備抵呆帳**
- 點擊 **f(x)**
- 於Defult Value輸入
  0.00
- 點選
- 依**應收帳款呆帳政策與報告**設定條件
- 點選
- 關閉Table Layout

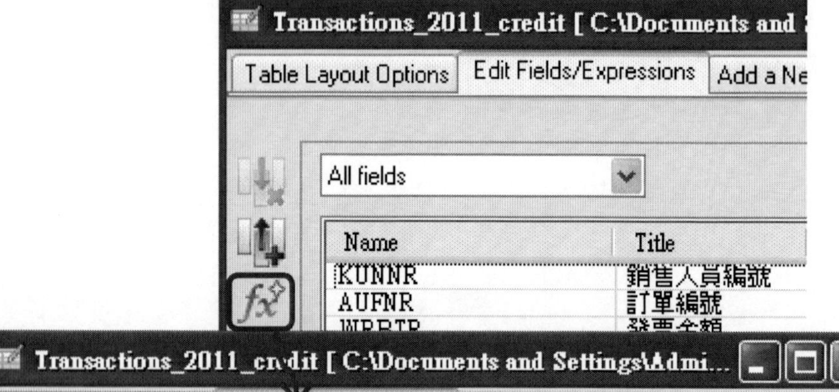

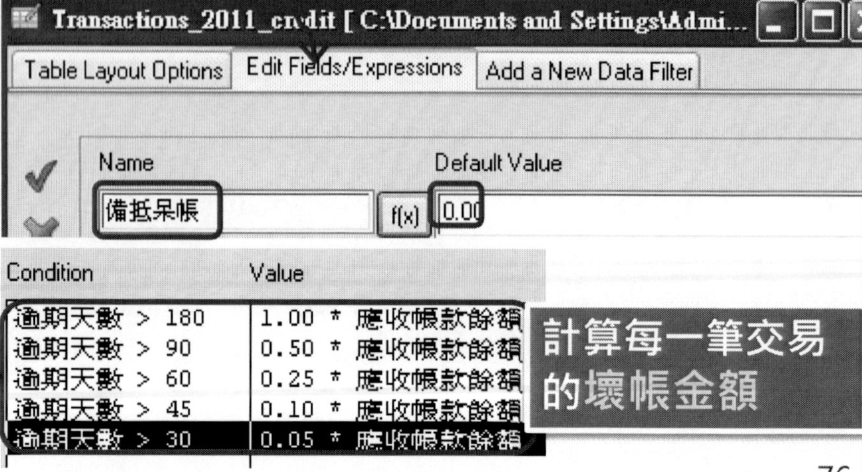

Condition	Value
逾期天數 > 180	1.00 * 應收帳款餘額
逾期天數 > 90	0.50 * 應收帳款餘額
逾期天數 > 60	0.25 * 應收帳款餘額
逾期天數 > 45	0.10 * 應收帳款餘額
逾期天數 > 30	0.05 * 應收帳款餘額

確認賒銷的備抵呆帳金額-
逾期天數與備抵呆帳金額計算結果

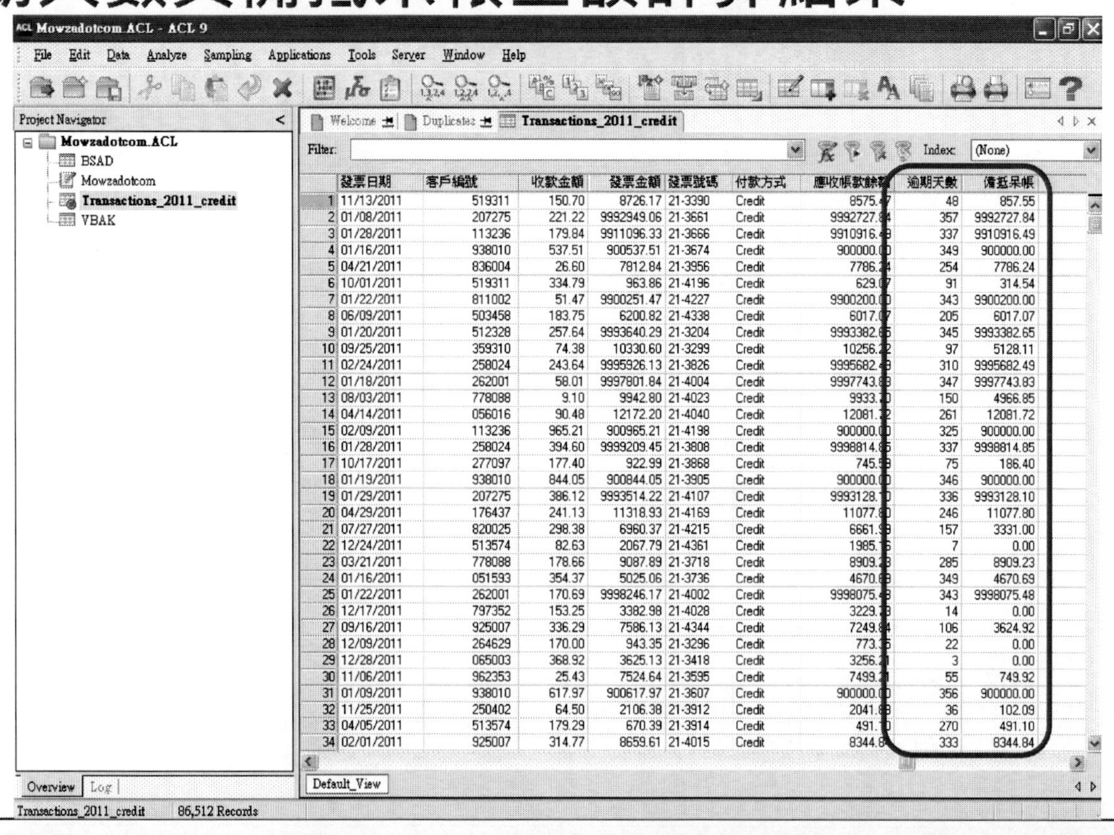

	發票日期	客戶編號	收款金額	發票金額	發票號碼	付款方式	應收帳款餘額	逾期天數	備抵呆帳
1	11/13/2011	519311	150.70	8726.17	21-3390	Credit	8575.47	48	857.55
2	01/08/2011	207275	221.22	9992949.06	21-3661	Credit	9992727.84	357	9992727.84
3	01/28/2011	113236	179.84	9911096.33	21-3666	Credit	9910916.49	337	9910916.49
4	01/16/2011	938010	537.51	900537.51	21-3674	Credit	900000.00	349	900000.00
5	04/21/2011	836004	26.60	7812.84	21-3956	Credit	7786.24	254	7786.24
6	10/01/2011	519311	334.79	963.86	21-4196	Credit	629.07	91	314.54
7	01/22/2011	811002	51.47	9900251.47	21-4227	Credit	9900200.00	343	9900200.00
8	06/09/2011	503458	183.75	6200.82	21-4338	Credit	6017.07	205	6017.07
9	01/20/2011	512328	257.64	9993640.29	21-3204	Credit	9993382.65	345	9993382.65
10	09/25/2011	359310	74.38	10330.60	21-3299	Credit	10256.22	97	5128.11
11	02/24/2011	258024	243.64	9995926.13	21-3826	Credit	9995682.49	310	9995682.49
12	01/18/2011	262001	58.01	9997801.84	21-4004	Credit	9997743.83	347	9997743.83
13	08/03/2011	778088	9.10	9942.80	21-4023	Credit	9933.70	150	4966.85
14	04/14/2011	056016	90.48	12172.20	21-4040	Credit	12081.72	261	12081.72
15	02/09/2011	113236	965.21	900965.21	21-4198	Credit	900000.00	325	900000.00
16	01/28/2011	258024	394.60	9999209.45	21-3808	Credit	9998814.85	337	9998814.85
17	10/17/2011	277097	177.40	922.99	21-3868	Credit	745.59	75	186.40
18	01/19/2011	938010	844.05	900844.05	21-3905	Credit	900000.00	346	900000.00
19	01/29/2011	207275	386.12	9993514.22	21-4107	Credit	9993128.10	336	9993128.10
20	04/29/2011	176437	241.13	11318.93	21-4169	Credit	11077.80	246	11077.80
21	07/27/2011	820025	298.38	6960.37	21-4215	Credit	6661.99	157	3331.00
22	12/24/2011	513574	82.63	2067.79	21-4361	Credit	1985.16	7	0.00
23	03/21/2011	778088	178.66	9087.89	21-3718	Credit	8909.23	285	8909.23
24	01/16/2011	051593	354.37	5025.06	21-3736	Credit	4670.69	349	4670.69
25	01/22/2011	262001	170.69	9998246.17	21-4002	Credit	9998075.48	343	9998075.48
26	12/17/2011	797352	153.25	3382.98	21-4028	Credit	3229.73	14	0.00
27	09/16/2011	925007	336.29	7586.13	21-4344	Credit	7249.84	106	3624.92
28	12/09/2011	264629	170.00	943.35	21-3296	Credit	773.35	22	0.00
29	12/28/2011	065003	368.92	3625.13	21-3418	Credit	3256.21	3	0.00
30	11/06/2011	962353	25.43	7524.64	21-3595	Credit	7499.21	55	749.92
31	01/09/2011	938010	617.97	900617.97	21-3607	Credit	900000.00	356	900000.00
32	11/25/2011	250402	64.50	2106.38	21-3912	Credit	2041.88	36	102.09
33	04/05/2011	513574	179.29	670.39	21-3914	Credit	491.10	270	491.10
34	02/01/2011	925007	314.77	8659.61	21-4015	Credit	8344.84	333	8344.84

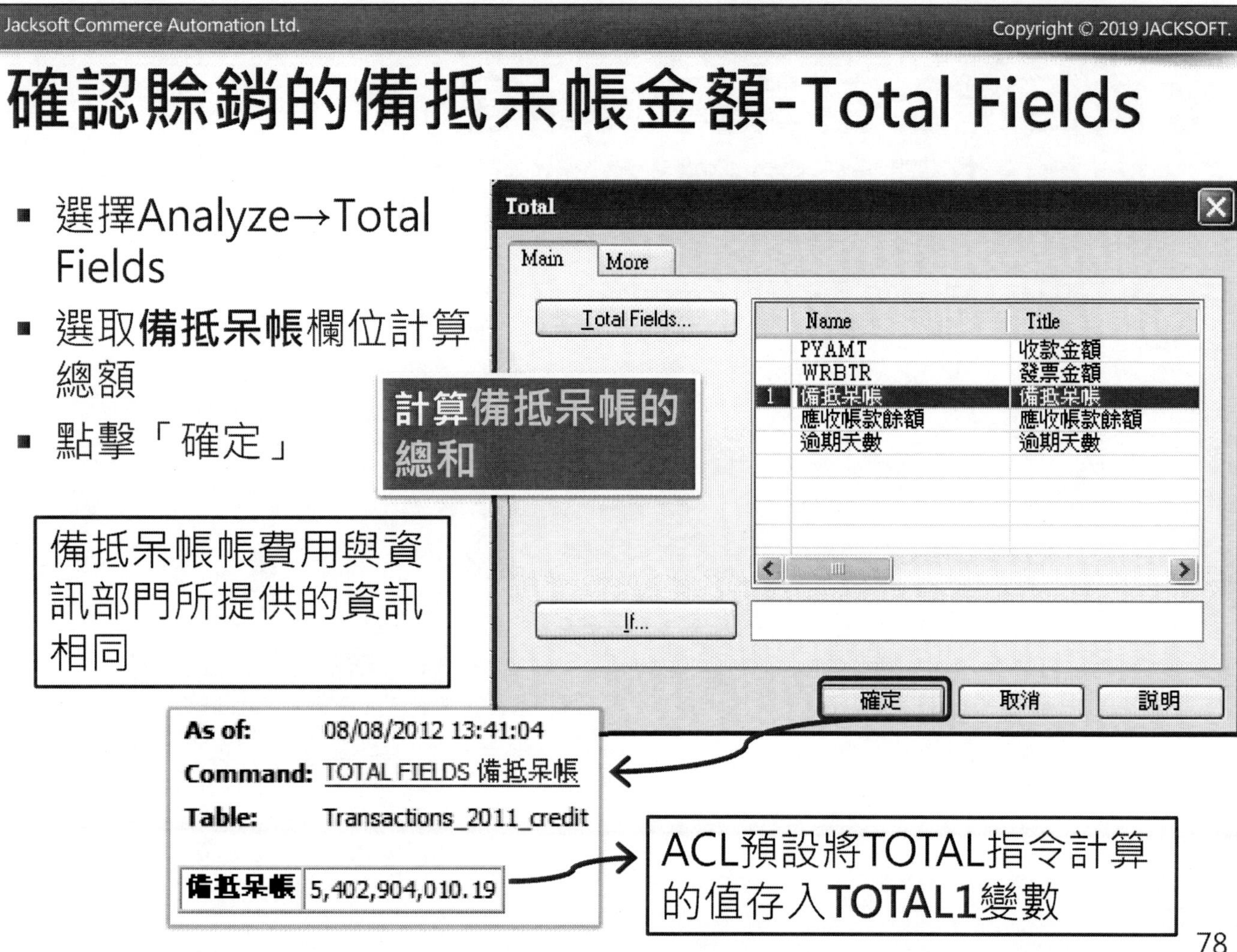

備抵呆帳總金額變數-Variables

- Edit→Variables
- 雙擊TOTAL1
- 於Save As文字框變數TOTAL1重新命名**備抵呆帳總金額**
- 點選" OK " 完成

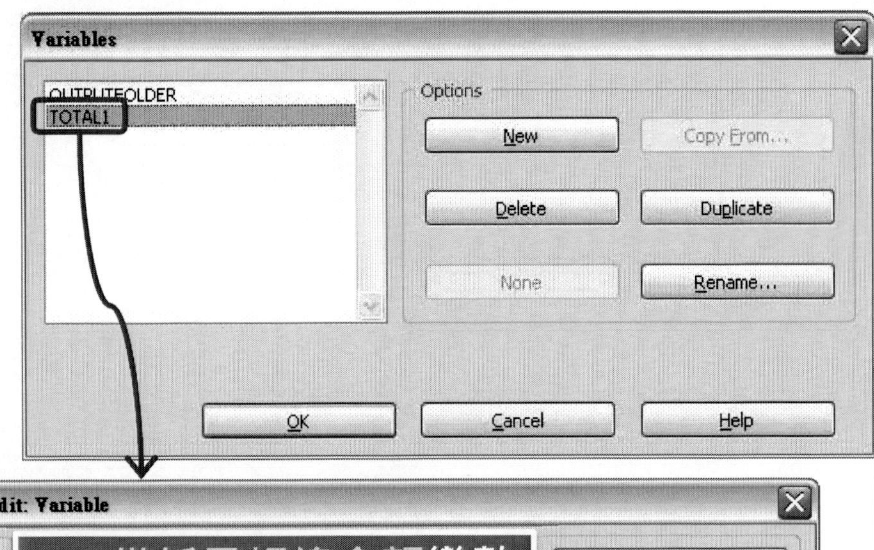

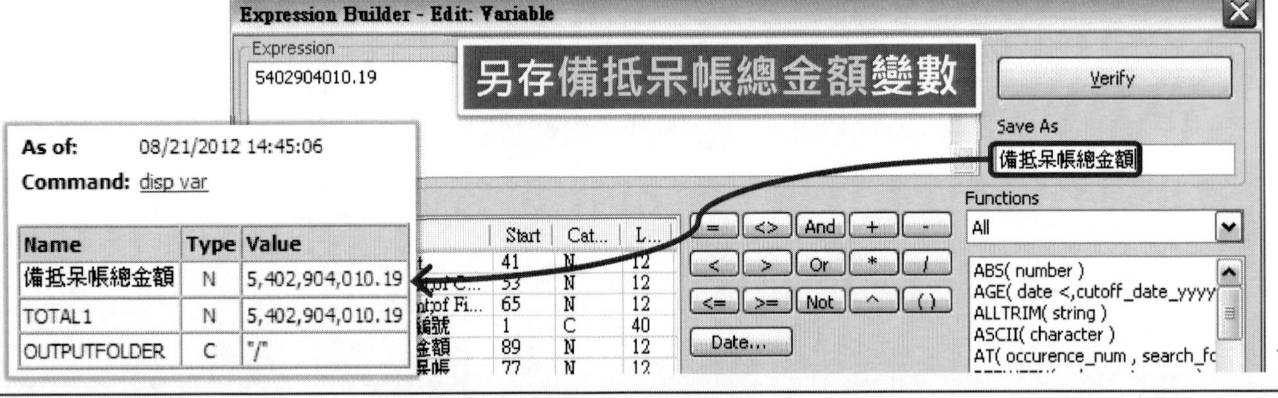

Name	Type	Value
備抵呆帳總金額	N	5,402,904,010.19
TOTAL1	N	5,402,904,010.19
OUTPUTFOLDER	C	"/"

稽核目標2: 計算每個顧客的平均備抵呆帳率稽核流程圖

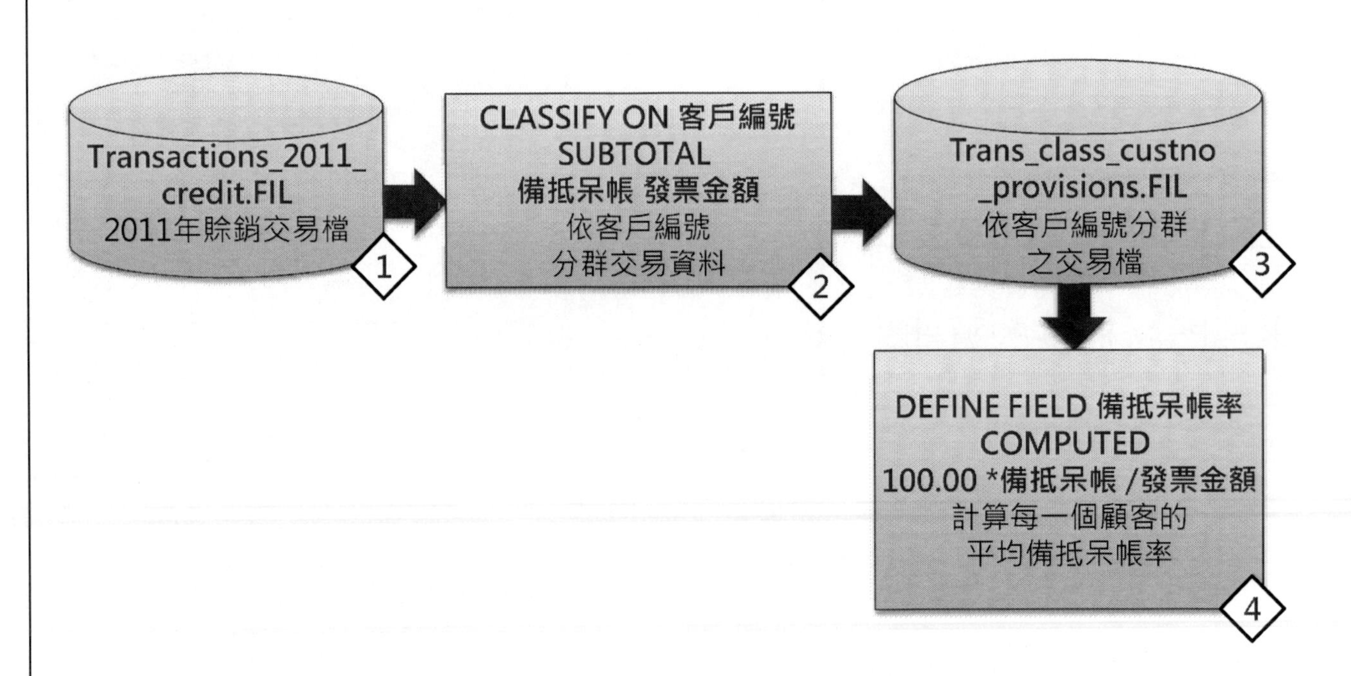

每個顧客的平均備抵呆帳率-Classify

- 開啟 Transactions_2011_credit
- Analyze→Classify
- 依據**客戶編號(KUNNR)**欄位進行分類
- 小計**備抵呆帳、發票金額(WRBTR)**
- Output成新表 Trans_class_custno_provisions
- 點選"確定"完成

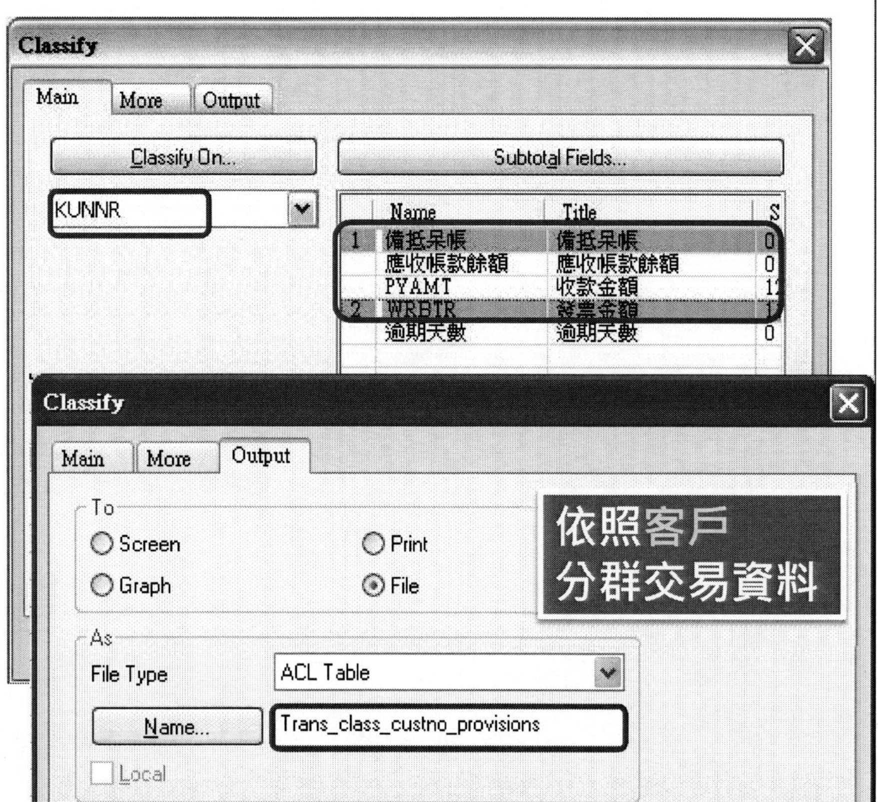

每個顧客的平均備抵呆帳率-Classify結果

	客戶編號	Count	Percent of Count	Percent of Field	備抵呆帳	發票金額
1	051593	1130	1.31	0.06	3064856.19	4263004.63
2	056016	1812	2.09	0.01	654393.88	2605662.57
3	065003	1586	1.83	0.01	522923.48	2225061.68
4	081559	1356	1.57	0.01	454093.20	1903689.95
5	090398	1810	2.09	0.01	658188.57	2603397.62
6	097627	1132	1.31	0.01	371725.72	1585313.54
7	113236	2501	2.89	3.00	162317985.07	164951100.66
8	176437	1583	1.83	0.01	536569.49	2232410.60
9	202028	685	0.79	0.02	1147991.15	1858231.88
10	207275	2488	2.88	10.19	550738214.31	553392812.17
11	222006	2258	2.61	0.01	737309.58	3156795.50
12	230575	1130	1.31	1.13	61202736.90	62386407.00
13	231494	1132	1.31	0.01	405609.33	1613766.17
14	241370	1356	1.57	0.01	451877.67	1893825.69
15	242605	2262	2.61	0.01	795141.95	3164412.19
16	250402	1359	1.57	0.01	475245.41	1931712.03
17	258024	2264	2.62	2.23	120634834.17	123004181.61
18	262001	1586	1.83	6.30	340314188.34	341982062.04
19	264629	679	0.78	0.00	224245.02	951628.71
20	269267	1812	2.09	2.60	140375181.73	142264005.49
21	277097	687	0.79	0.10	5188119.76	6354932.03
22	284354	452	0.52	0.00	163222.51	643892.12
23	297397	680	0.79	21.66	1170167797.86	1170883772.53

每個顧客的平均備抵呆帳率 -Computed Fields

- 開啟 Trans_class_custno_provisions
- Edit→Table Layout
- 點擊 *fx*
- 於Name文字框輸入**備抵呆帳率**
- 點擊 **f(x)**
- 於Expression文字框輸入
  100.00 * 備抵呆帳 / WRBTR
- 點選Verify驗證篩選條件是否正確
- 點選" OK "完成
- 點選 ✔
- 關閉Table Layout

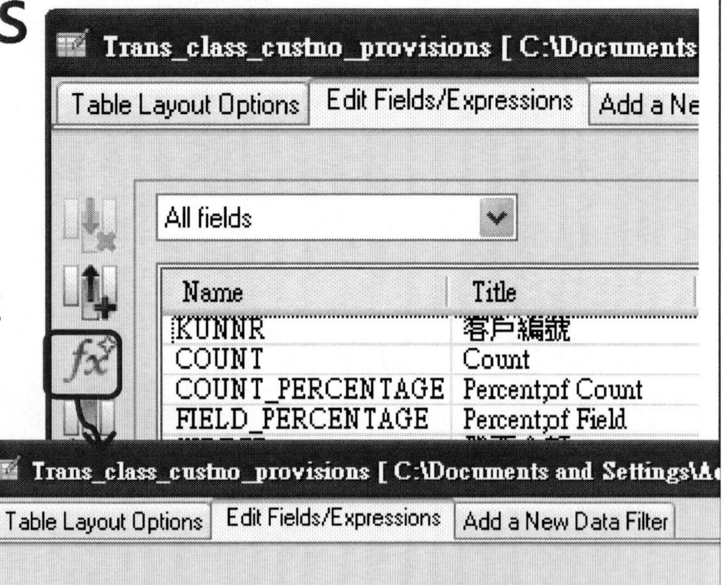

計算每一個顧客的備抵呆帳率

每個顧客的平均備抵呆帳率 -Computed Fields

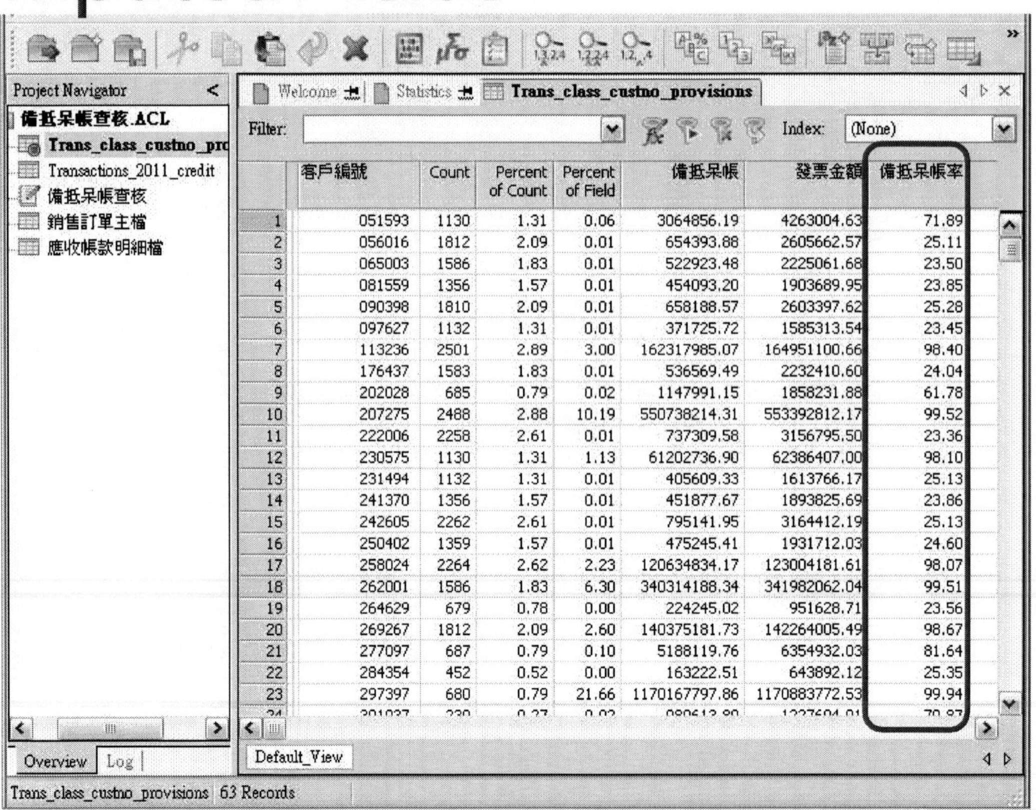

	客戶編號	Count	Percent of Count	Percent of Field	備抵呆帳	發票金額	備抵呆帳率
1	051593	1130	1.31	0.06	3064856.19	4263004.63	71.89
2	056016	1812	2.09	0.01	654393.88	2605662.57	25.11
3	065003	1586	1.83	0.01	522923.48	2225061.68	23.50
4	081559	1356	1.57	0.01	454093.20	1903689.95	23.85
5	090398	1810	2.09	0.01	658188.57	2603397.62	25.28
6	097627	1132	1.31	0.01	371725.72	1585313.54	23.45
7	113236	2501	2.89	3.00	162317985.07	164951100.66	98.40
8	176437	1583	1.83	0.01	536569.49	2232410.60	24.04
9	202028	685	0.79	0.02	1147991.15	1858231.88	61.78
10	207275	2488	2.88	10.19	550738214.31	553392812.17	99.52
11	222006	2258	2.61	0.01	737309.58	3156795.50	23.36
12	230575	1130	1.31	1.13	61202736.90	62386407.00	98.10
13	231494	1132	1.31	0.01	405609.33	1613766.17	25.13
14	241370	1356	1.57	0.01	451877.67	1893825.69	23.86
15	242605	2262	2.61	0.01	795141.95	3164412.19	25.13
16	250402	1359	1.57	0.01	475245.41	1931712.03	24.60
17	258024	2264	2.62	2.23	120634834.17	123004181.61	98.07
18	262001	1586	1.83	6.30	340314188.34	341982062.04	99.51
19	264629	679	0.78	0.00	224245.02	951628.71	23.56
20	269267	1812	2.09	2.60	140375181.73	142264005.49	98.67
21	277097	687	0.79	0.10	5188119.76	6354932.03	81.64
22	284354	452	0.52	0.00	163222.51	643892.12	25.35
23	297397	680	0.79	21.66	1170167797.86	1170883772.53	99.94

每個顧客的平均備抵呆帳率-Statistics

- 開啟 Trans_class_custno_provisions
- Analyze→Statistical →Statistics
- 選取**備抵呆帳率**欄位進行資料統計
- Output選擇To Screen
- 點選"確定"完成

計算整體平均備抵呆帳率

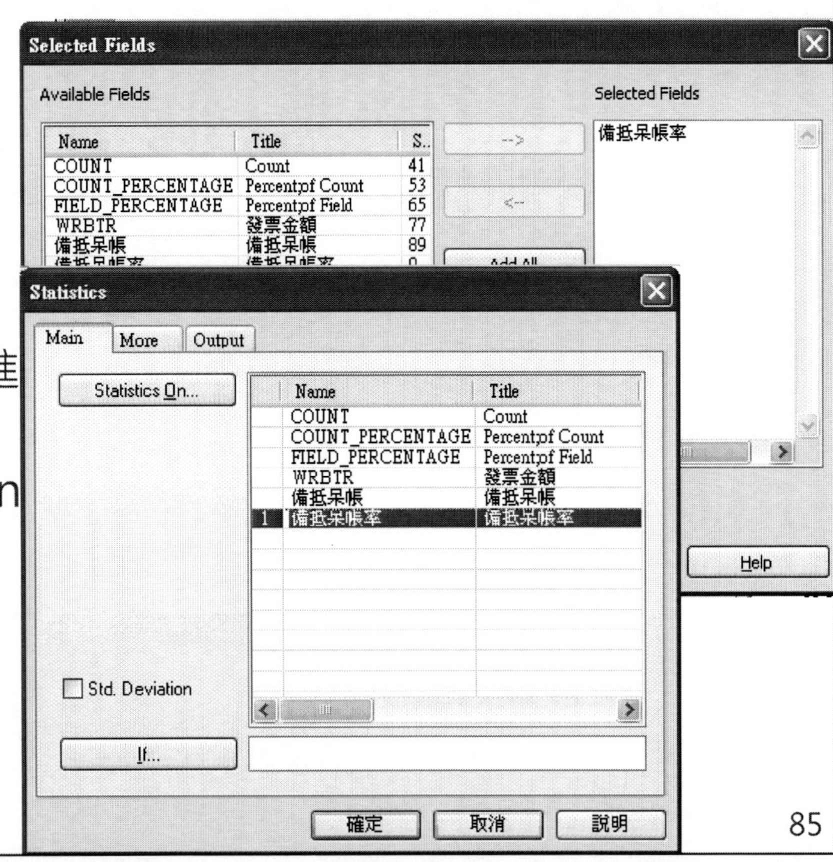

每個顧客的平均備抵呆帳率 -Statistics結果

As of: 08/13/2000 10:37:23

Command: STATISTICS ON 備抵呆帳率 TO SCREEN NUMBER 5

Table: Trans_class_custno_provisions

備抵呆帳率

	Number	Total	Average
Range	-	76.93	-
Positive	63	2,884.17	45.78
Negative	0	0.00	0.00
Zeros	0	-	-
Totals	63	2,884.17	45.78
Abs Value	-	2,884.17	-

Highest	Lowest
99.94	23.01
99.91	23.34
99.80	23.36
99.52	23.45
99.51	23.50

稽核目標3: 找出備抵呆帳率高於25%的顧客與備抵呆帳高過備抵呆帳提列總金額5%的顧客稽核流程圖

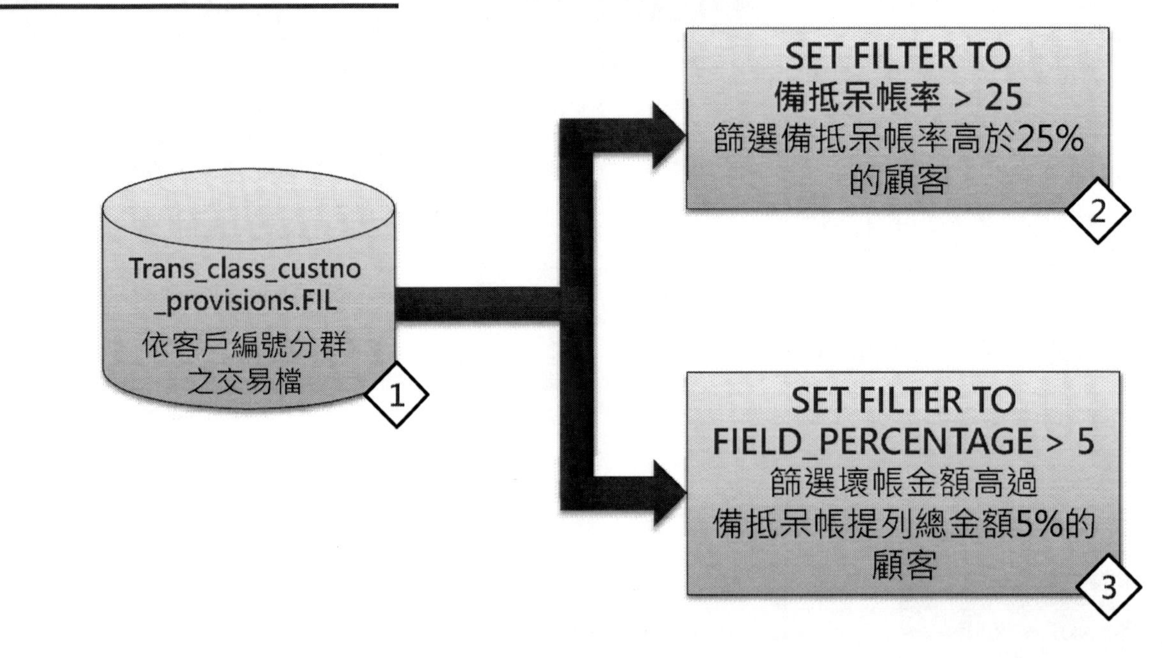

確認備抵呆帳率高於25%的顧客-Filter

- 開啟 Trans_class_custno _provisions
- 點擊
- 輸入篩選條件
  備抵呆帳率 > 25
- 點選Verify驗證篩選條件是否正確
- 點選"OK"完成

找出異常狀況

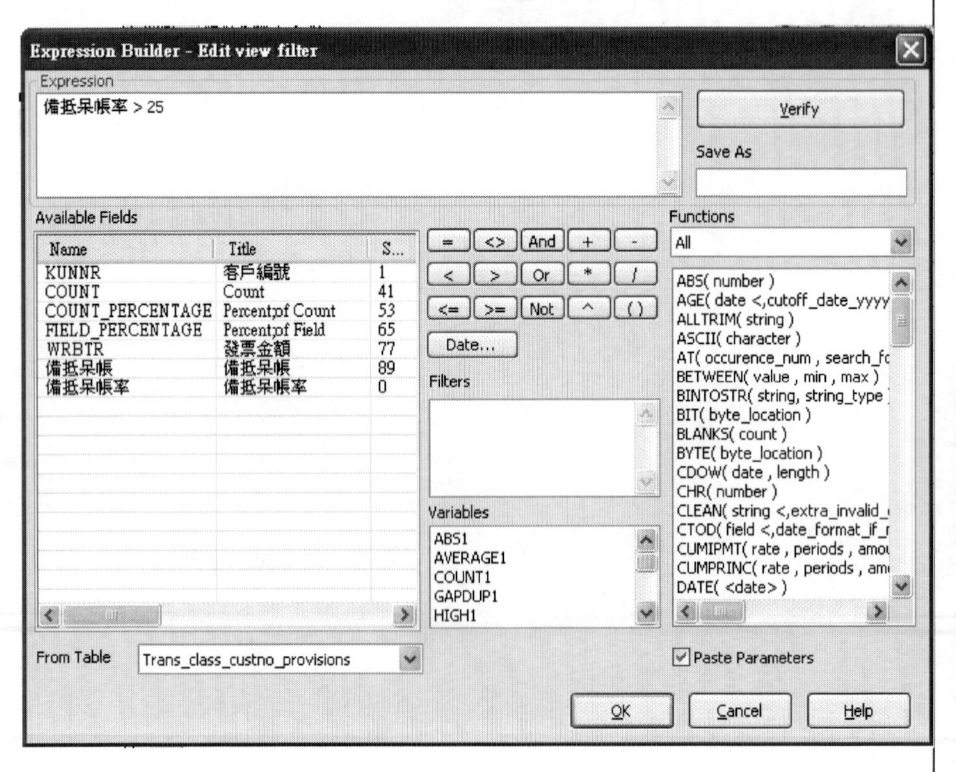

確認備抵呆帳率高於25%的顧客-Filter結果

	客戶編號	Count	Percent of Count	Percent of Field	備抵呆帳	發票金額	備抵呆帳率
1	051593	1130	1.31	0.06	3064856.19	4263004.63	71.89
2	056016	1812	2.09	0.01	654393.88	2605662.57	25.11
5	090398	1810	2.09	0.01	658188.57	2603397.62	25.28
7	113236	2501	2.89	3.00	162317985.07	164951100.66	98.40
9	202028	685	0.79	0.02	1147991.15	1858231.88	61.78
	207275	2488	2.88	10.19	550738214.31	553392812.17	99.52
	230575	1130	1.31	1.13	61202736.90	62386407.00	98.10
	231494	1132	1.31	0.01	405609.33	1613766.17	25.13
	242605	2262	2.61	0.01	795141.95	3164412.19	25.13
	258024	2264	2.62	2.23	120634834.17	123004181.61	98.07
	262001	1586	1.83	6.30	340314188.34	341982062.04	99.51
20	269267	1812	2.09	2.60	140375181.73	142264005.49	98.67
21	277097	687	0.79	0.10	5188119.76	6354932.03	81.64
22	284354	452	0.52	0.00	163222.51	643892.12	25.35
23	297397	680	0.79	21.66	1170167797.86	1170883772.53	99.94
24	301037	230	0.27	0.02	980613.80	1227694.01	79.87
28	419449	1362	1.57	0.04	2316474.44	3765319.39	61.52
31	478604	2036	2.35	0.01	721837.55	2864681.35	25.20
32	501657	904	1.04	0.01	325294.80	1283555.72	25.34

情境練習

- 試著做做看
  1. 找出備抵呆帳率高於平均備抵呆帳率的客戶？
  2. 找出備抵呆帳率高於80%的客戶?

答案: 1. 20位客戶
2. 16位客戶

確認備抵呆帳高過備抵呆帳提列總金額5%的顧客-Filter

- 開啟Trans_class_custno_provisions
- 點擊
- 輸入篩選條件

  FIELD_PERCENTAGE > 5
- 點選Verify驗證篩選條件是否正確
- 點選"OK"完成

找出異常狀況

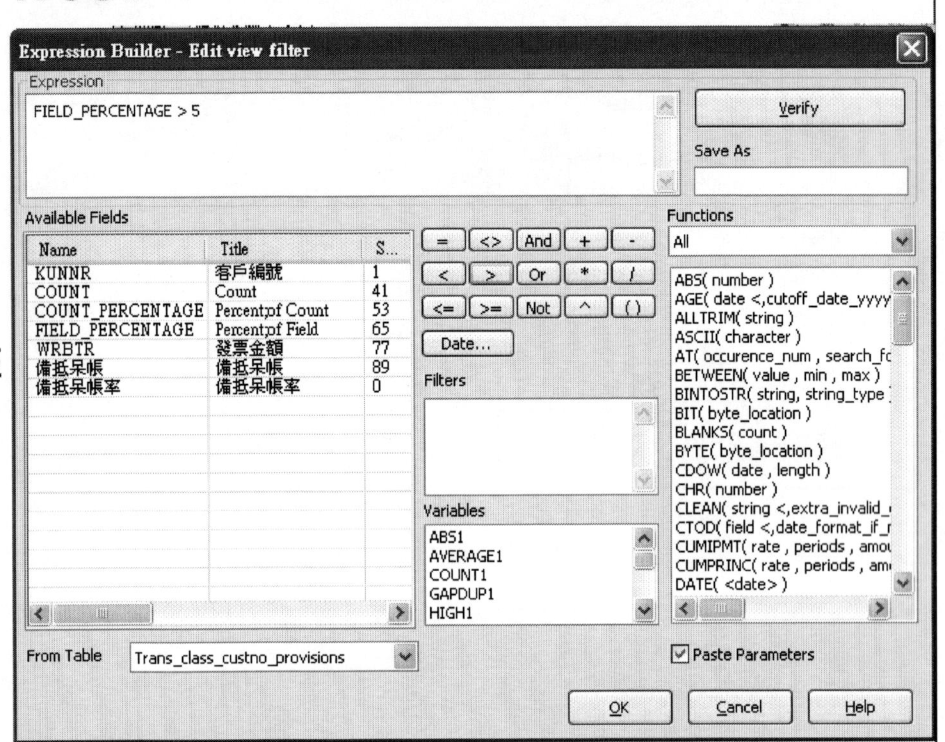

確認備抵呆帳高過備抵呆帳提列總金額5%的顧客-Filter結果

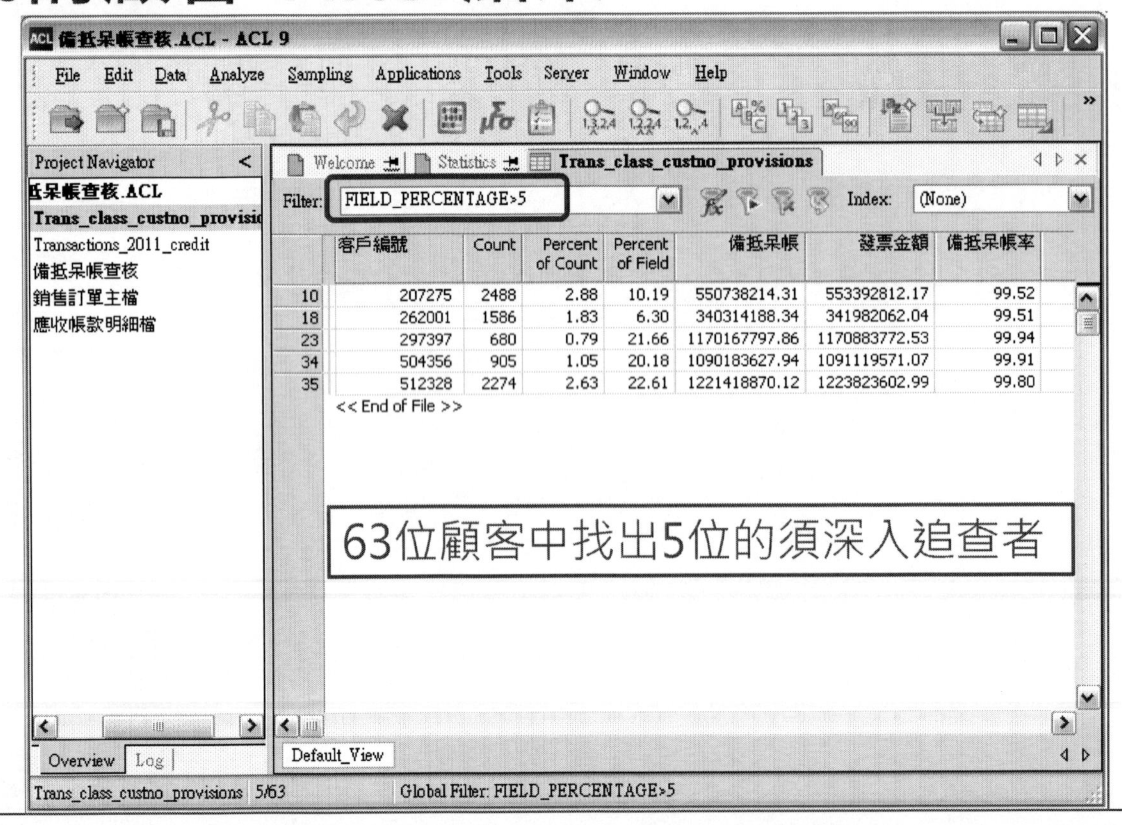

	客戶編號	Count	Percent of Count	Percent of Field	備抵呆帳	發票金額	備抵呆帳率
10	207275	2488	2.88	10.19	550738214.31	553392812.17	99.52
18	262001	1586	1.83	6.30	340314188.34	341982062.04	99.51
23	297397	680	0.79	21.66	1170167797.86	1170883772.53	99.94
34	504356	905	1.05	20.18	1090183627.94	1091119571.07	99.91
35	512328	2274	2.63	22.61	1221418870.12	1223823602.99	99.80

確認備抵呆帳高過備抵呆帳提列總金額5%的顧客-應用『備抵呆帳總金額變數』

- 開啟 Trans_class_custno_provisions
- 點擊
- 輸入篩選條件
  備抵呆帳 > 0.05 * 備抵呆帳總金額
- 點選Verify驗證篩選條件是否正確
- 點選"OK"完成

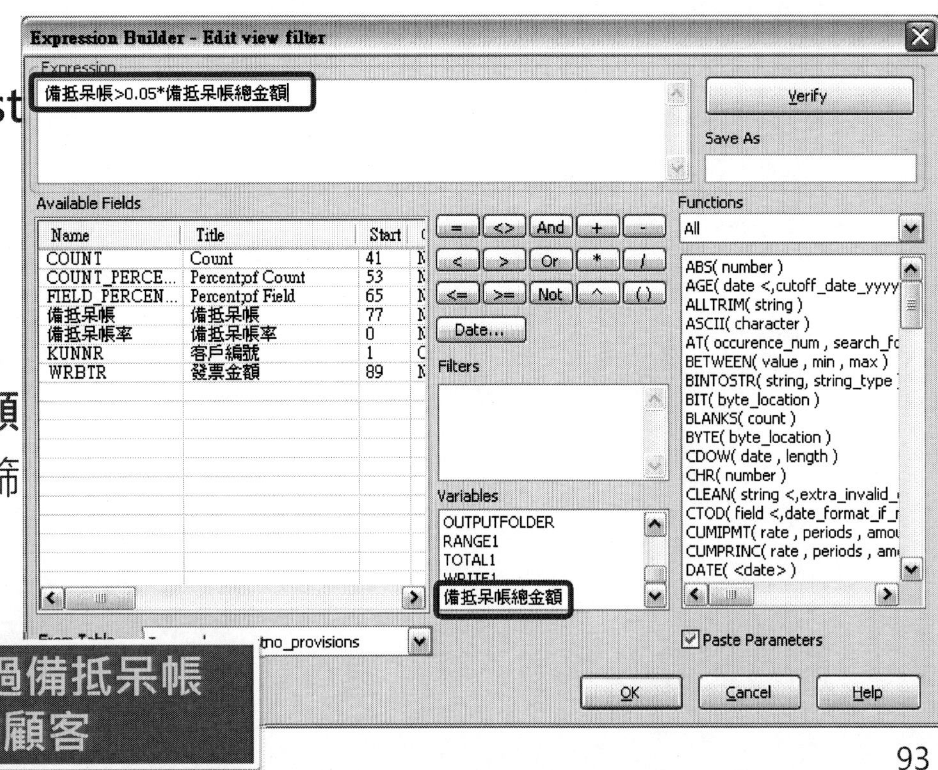

找出備抵呆帳高過備抵呆帳提列總金額5%的顧客

確認備抵呆帳高過備抵呆帳提列總金額5%的顧客-Filter結果

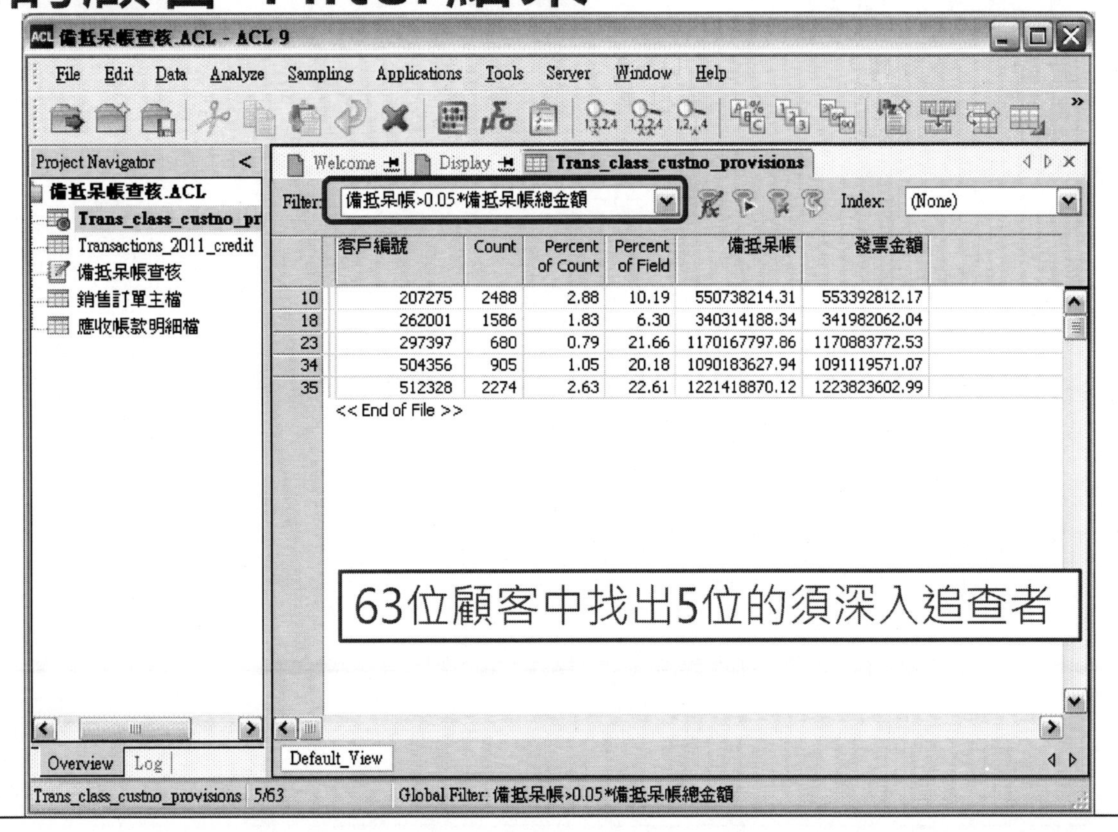

	客戶編號	Count	Percent of Count	Percent of Field	備抵呆帳	發票金額
10	207275	2488	2.88	10.19	550738214.31	553392812.17
18	262001	1586	1.83	6.30	340314188.34	341982062.04
23	297397	680	0.79	21.66	1170167797.86	1170883772.53
34	504356	905	1.05	20.18	1090183627.94	1091119571.07
35	512328	2274	2.63	22.61	1221418870.12	1223823602.99

<< End of File >>

63位顧客中找出5位的須深入追查者

稽核目標4: 造成10%以上備抵呆帳率的銷售人員稽核流程圖

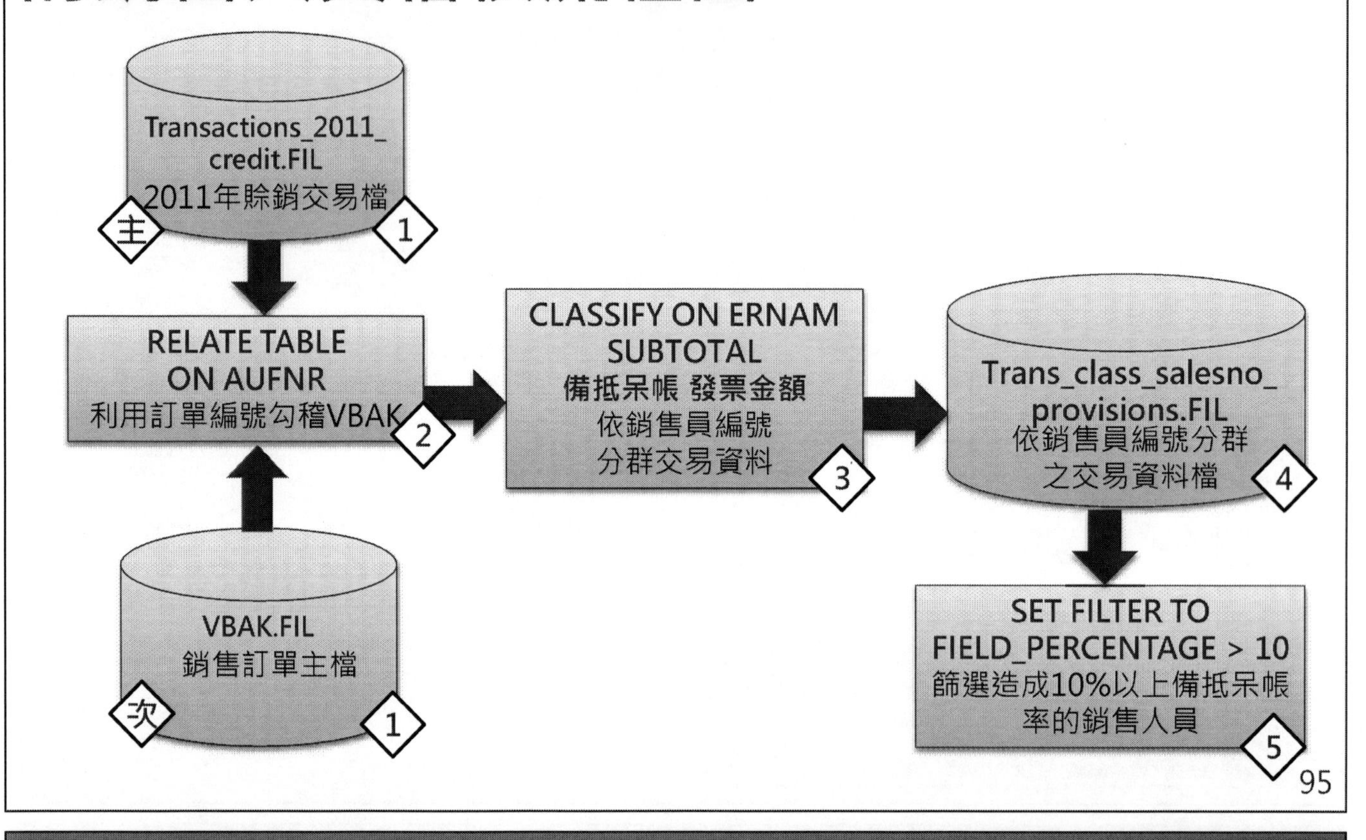

確認造成10%以上備抵呆帳率的銷售人員-Relation

- 開啟 **Transactions_2011_ credit**
- DATA→Relate Tables
- 點選Add Table加入 **VBAK**
- 建立兩表的關聯鍵，為**訂單編號(AUFNR)**
- 點選「Finish」

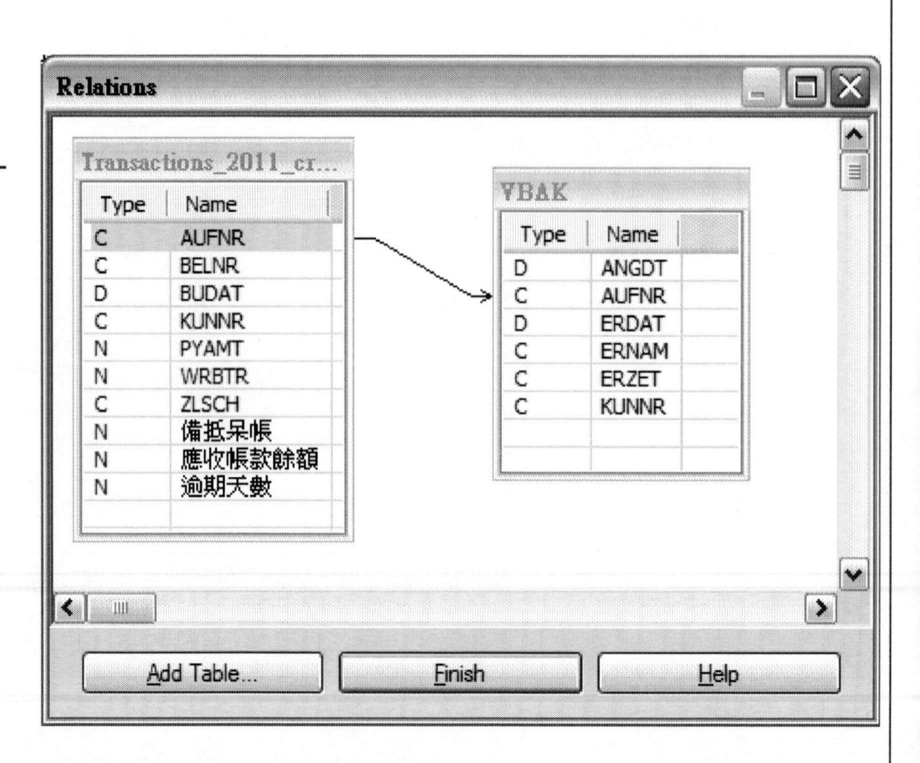

確認造成10%以上備抵呆帳率的銷售人員-Relation

- 開啟 Transactions_2011_credit
- 在空白處點擊滑鼠右鍵，選擇Add Columns
- From Table 選取 **VBAK**
- 加入**銷售人員 (ERNAM)**
- 點選「OK」

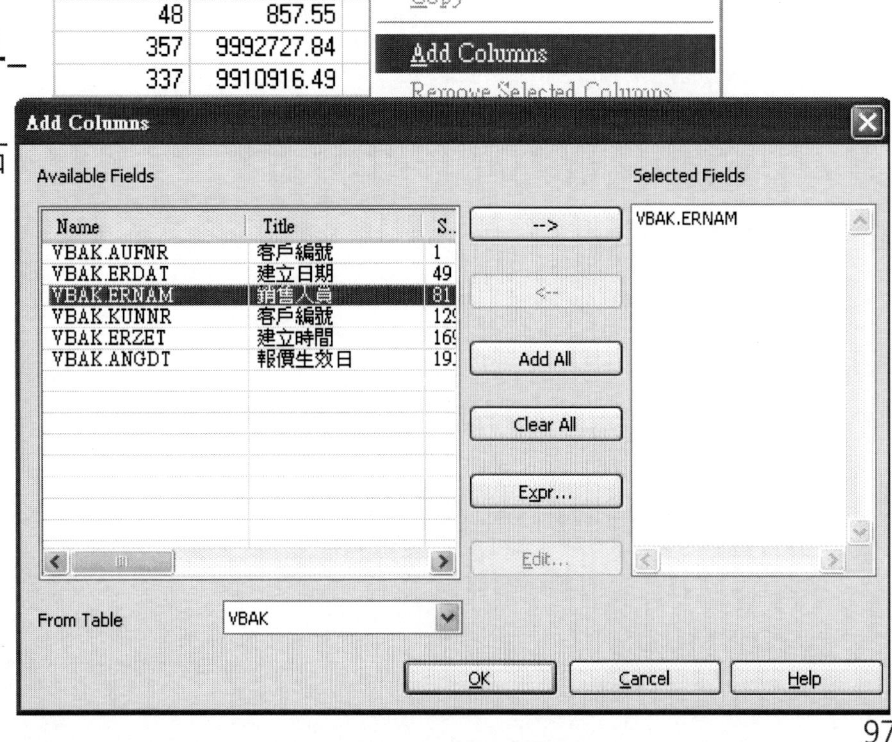

確認造成10%以上備抵呆帳率的銷售人員-Relation結果

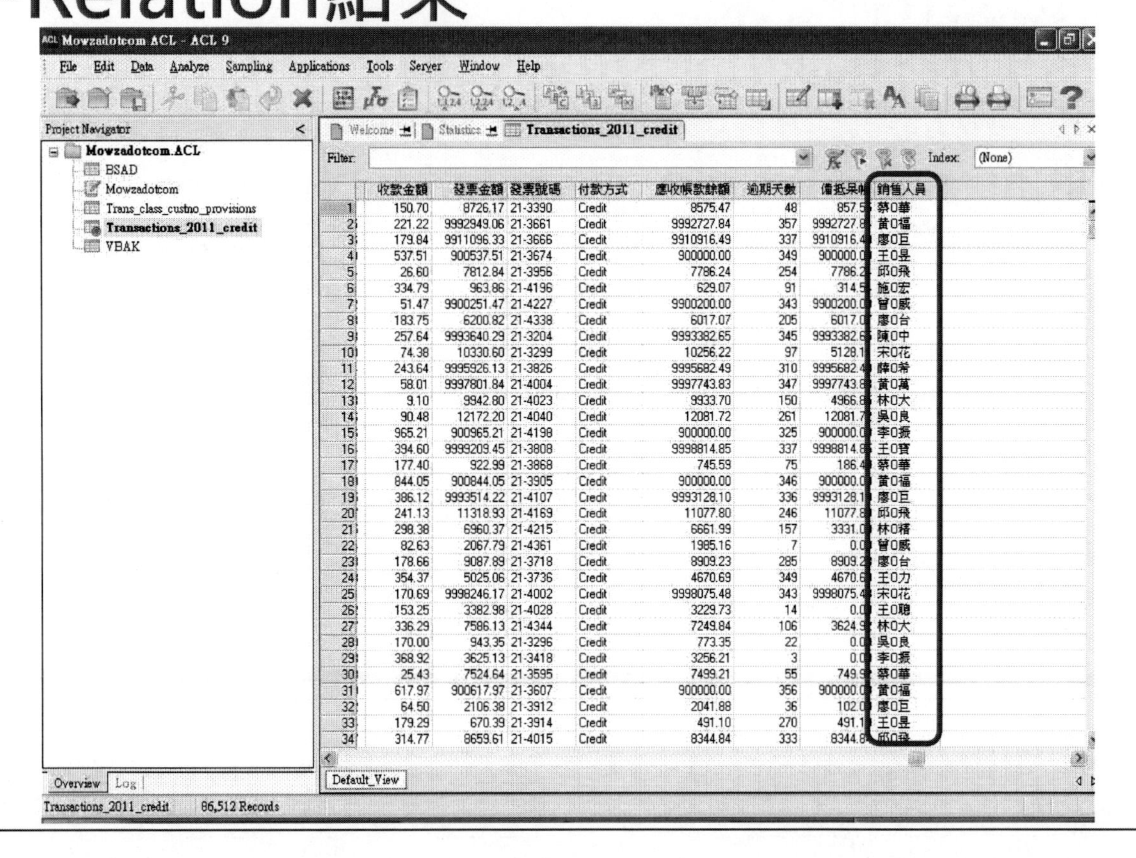

	收款金額	發票金額	發票號碼	付款方式	應收帳款餘額	逾期天數	備抵呆帳	銷售人員
1	150.70	8726.17	21-3390	Credit	8575.47	48	857.5	蔡O華
2	221.22	9992949.06	21-3661	Credit	9992727.84	357	9992727.8	黃O福
3	179.84	9911096.33	21-3666	Credit	9910916.49	337	9910916.4	廖O巨
4	537.51	900537.51	21-3674	Credit	900000.00	349	900000.0	王O昱
5	26.60	7812.84	21-3956	Credit	7786.24	254	7786.2	邱O飛
6	334.79	963.86	21-4196	Credit	629.07	91	314.5	施O宏
7	51.47	9900251.47	21-4227	Credit	9900200.00	343	9900200.0	曾O威
8	183.75	6200.82	21-4338	Credit	6017.07	205	6017.0	廖O台
9	257.64	9993640.29	21-3204	Credit	9993382.65	345	9993382.6	陳O中
10	74.38	10330.60	21-3299	Credit	10256.22	97	5128.1	宋O花
11	243.64	9995926.13	21-3826	Credit	9995682.49	310	9995682.4	薛O希
12	58.01	9997801.84	21-4004	Credit	9997743.83	347	9997743.8	黃O萬
13	9.10	9942.80	21-4023	Credit	9933.70	150	4966.8	林O大
14	90.48	12172.20	21-4040	Credit	12081.72	261	12081.7	吳O良
15	965.21	900965.21	21-4198	Credit	900000.00	325	900000.0	李O振
16	394.60	9999209.45	21-3808	Credit	9998814.85	337	9998814.8	王O寶
17	177.40	922.99	21-3868	Credit	745.59	75	186.4	蔡O華
18	844.05	900844.05	21-3905	Credit	900000.00	346	900000.0	黃O福
19	386.12	9993514.22	21-4107	Credit	9993128.10	336	9993128.1	廖O巨
20	241.13	11318.93	21-4169	Credit	11077.80	246	11077.8	邱O飛
21	298.38	6960.37	21-4215	Credit	6661.99	157	3331.0	林O�札
22	82.63	2067.79	21-4361	Credit	1985.16	7	0.0	曾O威
23	178.66	9087.89	21-3718	Credit	8909.23	285	8909.2	廖O台
24	354.37	5025.06	21-3736	Credit	4670.69	349	4670.6	王O力
25	170.69	9998246.17	21-4002	Credit	9998075.48	343	9998075.4	宋O花
26	153.25	3382.98	21-4028	Credit	3229.73	14	0.0	王O聰
27	336.29	7586.13	21-4344	Credit	7249.84	106	3624.9	林O大
28	170.00	943.35	21-3296	Credit	773.35	22	0.0	吳O良
29	368.92	3625.13	21-3418	Credit	3256.21	3	0.0	李O振
30	25.43	7524.64	21-3595	Credit	7499.21	55	749.9	蔡O華
31	617.97	900617.97	21-3607	Credit	900000.00	356	900000.0	黃O福
32	64.50	2106.38	21-3912	Credit	2041.88	36	102.0	廖O巨
33	179.29	670.39	21-3914	Credit	491.10	270	491.1	王O昱
34	314.77	8659.61	21-4015	Credit	8344.84	333	8344.8	邱O飛

確認造成10%以上備抵呆帳率的銷售人員-Classify

- 開啟Transactions_2011_credit
- Analyze→Classify
- 依據**銷售人員**(ERNAM)欄位進行分類
- 小計**備抵呆帳、發票金額**(WRBTR)
- Output成新表Trans_class_salesno_provisions
- 點選"確定"完成

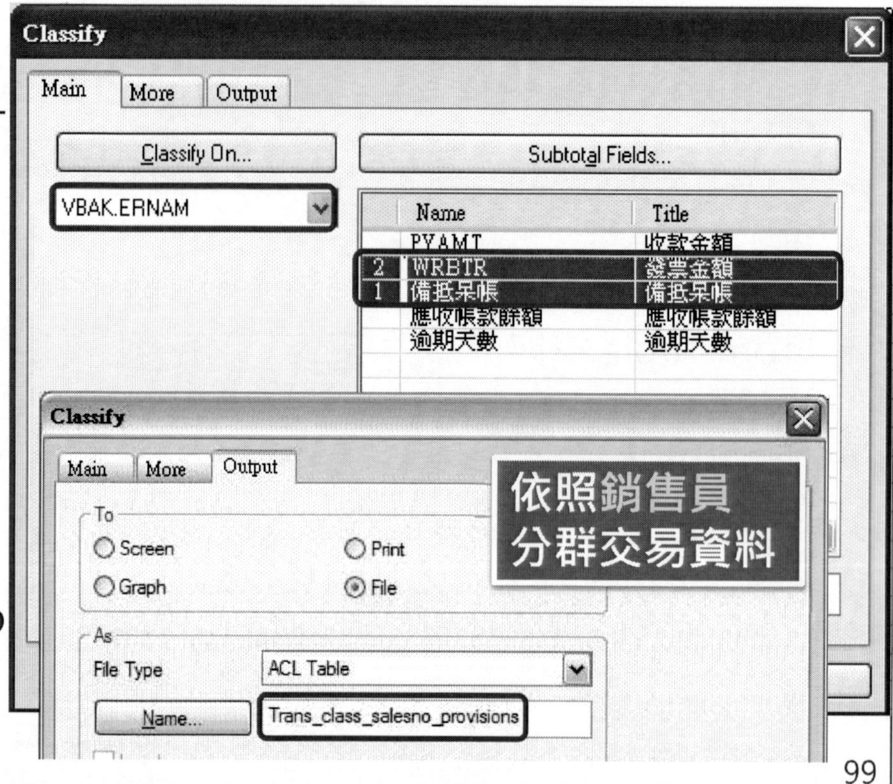

Jacksoft Commerce Automation Ltd.
Copyright © 2019 JACKSOFT.

確認造成10%以上備抵呆帳率的銷售人員-Classify結果

	銷售人員	Count	Percent of Count	Percent of Field	備抵呆帳	發票金額
1	吳O良	4128	4.77	1.69	91215351.20	95587567.35
2	宋O花	4414	5.10	3.23	174430383.16	179062242.68
3	廖O台	4138	4.78	2.43	131033613.21	135435938.39
4	廖O巨	4459	5.15	2.04	110361171.46	115096951.43
5	張O力	4408	5.10	1.02	55277837.82	59955658.90
6	施O宏	4459	5.15	1.53	82457034.05	87199239.72
7	曾O威	4294	4.96	3.56	192352991.52	196964740.86
8	李O振	4462	5.16	1.37	73829639.56	79002841.57
9	林O大	4408	5.10	1.40	75522277.13	80177558.36
10	林O精	4132	4.78	0.63	34212584.32	38694340.04
11	楊O晶	22	0.03	18.51	1000005171.61	1000028183.57
12	王O力	4459	5.15	1.36	73454022.87	78201239.04
13	王O寶	4290	4.96	3.45	186538969.37	191537255.46
14	王O昱	4286	4.95	3.02	163250531.68	167778166.56
15	王O聰	4139	4.78	1.52	82310433.90	86733815.55
16	蔡O華	4403	5.09	4.67	252562240.24	257237536.87
17	薛O希	4457	5.15	2.50	135164203.89	139909707.39
18	邱O飛	4415	5.10	0.99	53429341.70	58145764.58
19	郭O力	17	0.02	18.51	999998268.15	1000014555.77
20	鄭O欣	23	0.03	18.51	1000005265.03	1000026998.44
21	陳O中	4285	4.95	2.87	154971251.75	159964586.38
22	黃O福	4136	4.78	3.47	187255418.07	192117121.23
23	黃O萬	4278	4.94	1.73	93266008.50	97748974.99

確認造成10%以上備抵呆帳率的銷售人員- Filter

- 開啟 Trans_class_salesno_provisions
- 點擊
- 輸入篩選條件

  FIELD_PERCENTAGE > 10
- 點選Verify驗證篩選條件是否正確
- 點選"OK"完成

找出異常狀況

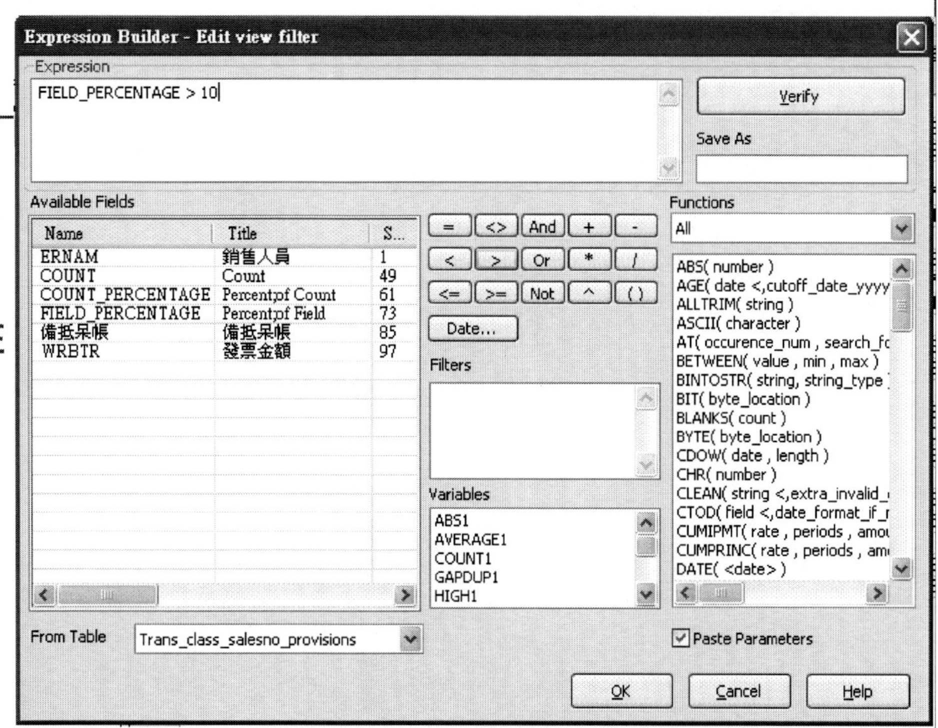

確認造成10%以上備抵呆帳率的銷售人員- Filter結果

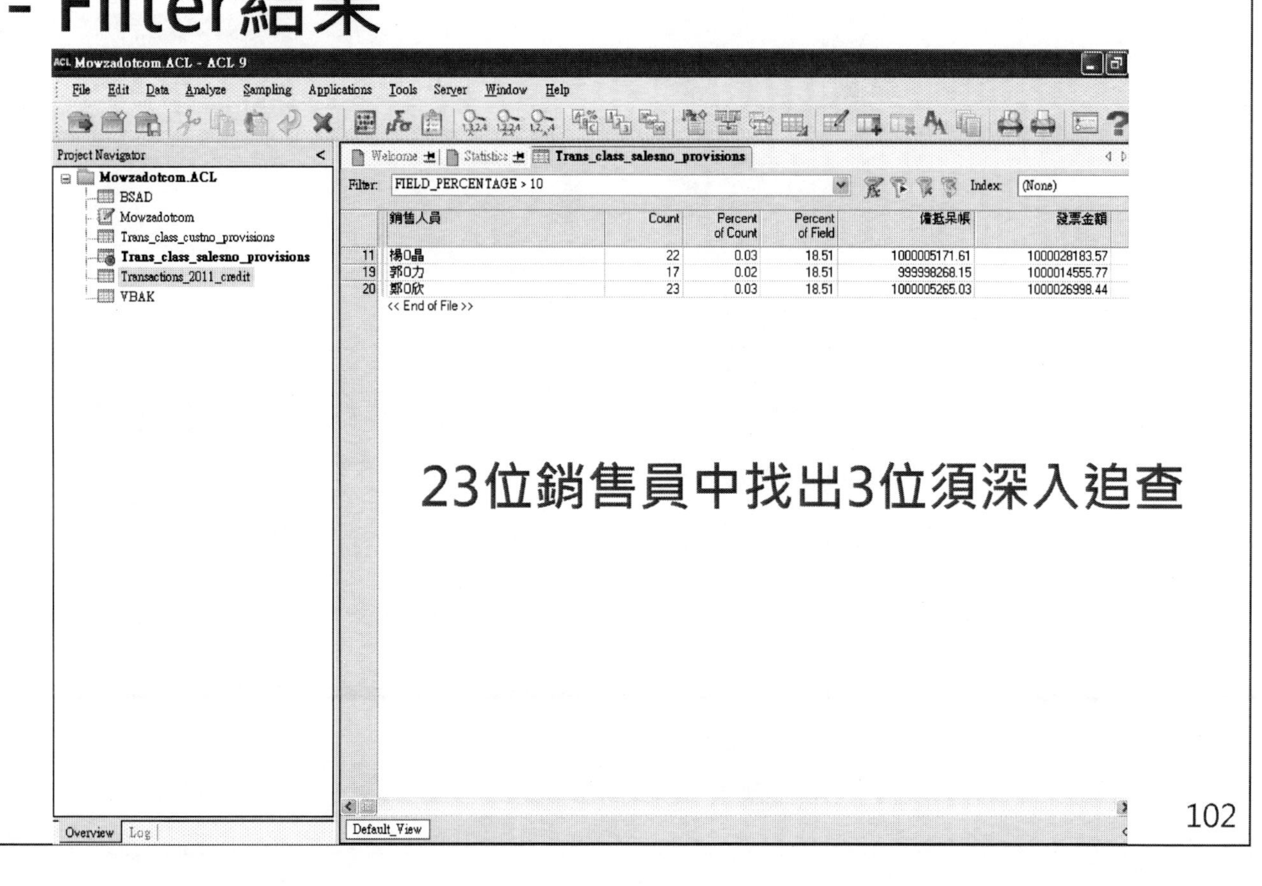

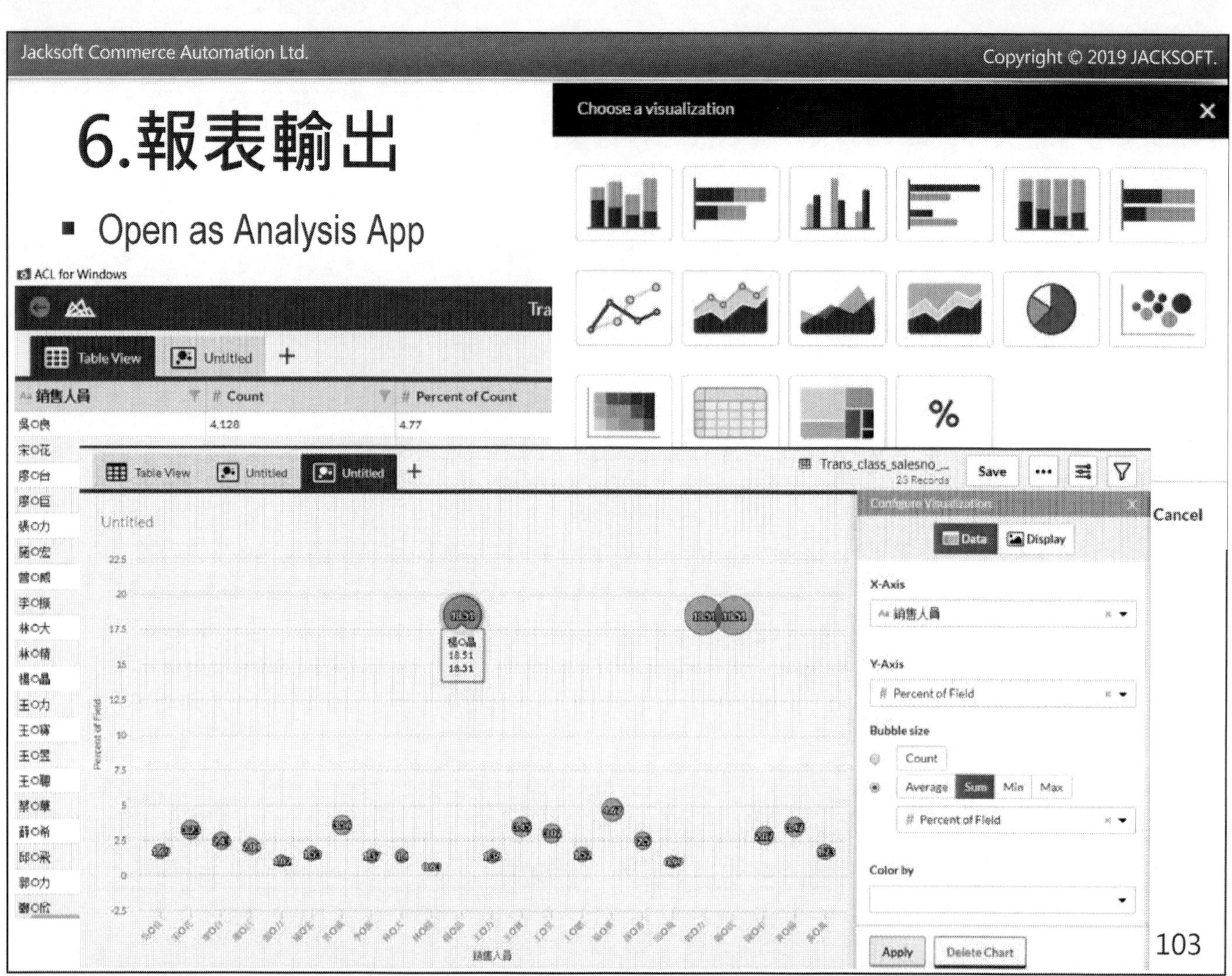
Jacksoft Commerce Automation Ltd.
Copyright © 2019 JACKSOFT.
6.報表輸出
Open as Analysis App
Choose a visualization
ACL for Windows
Table View
Untitled
銷售人員
Count
Percent of Count
4,128
4.77
Trans_class_salesno_...
23 Records
Save
Untitled
Configure Visualization
Data
Display
X-Axis
銷售人員
Y-Axis
Percent of Field
Bubble size
Count
Average
Sum
Min
Max
Percent of Field
Color by
Apply
Delete Chart
Cancel
103

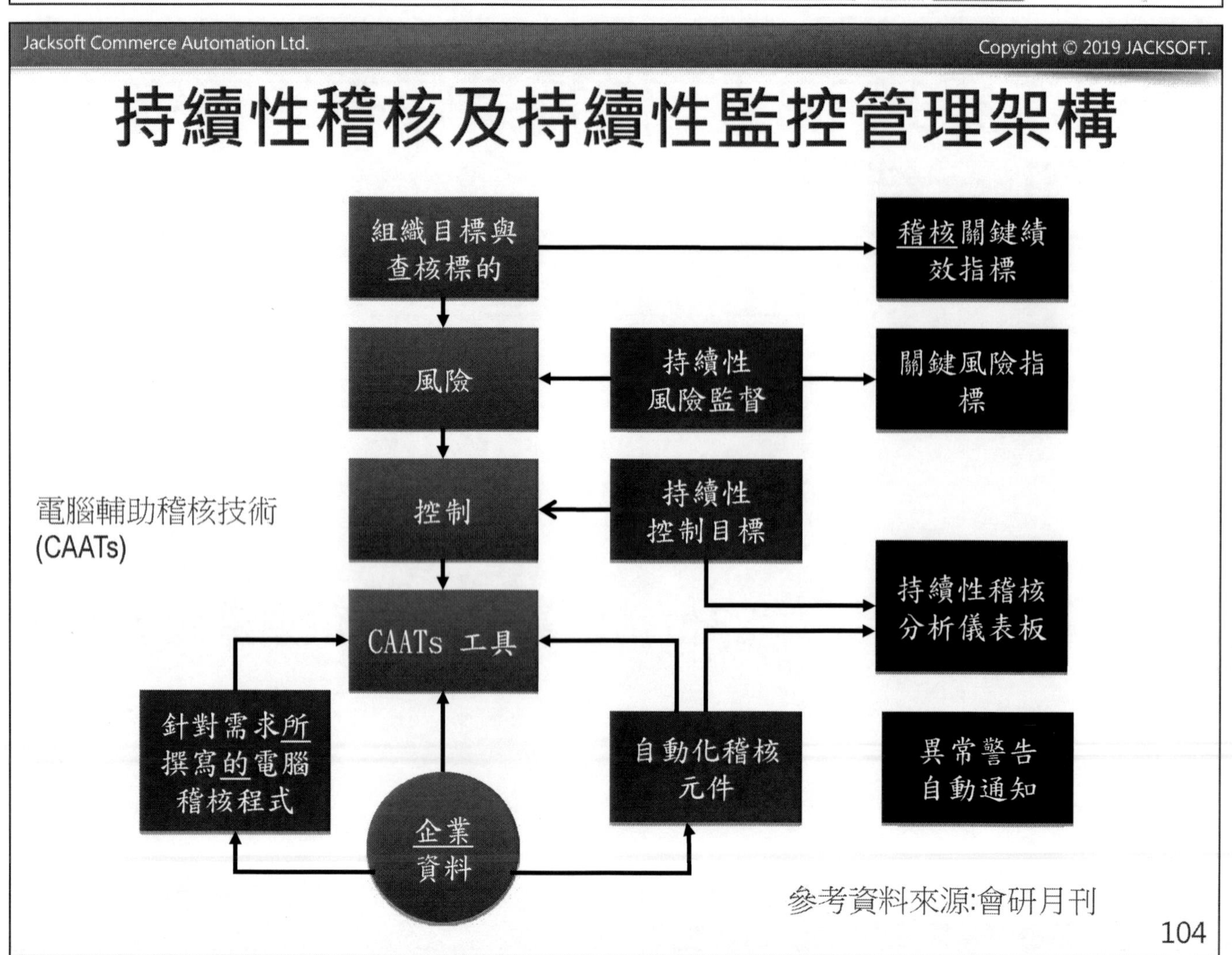
Jacksoft Commerce Automation Ltd.
Copyright © 2019 JACKSOFT.
持續性稽核及持續性監控管理架構
組織目標與查核標的
稽核關鍵績效指標
風險
持續性風險監督
關鍵風險指標
控制
持續性控制目標
電腦輔助稽核技術(CAATs)
持續性稽核分析儀表板
CAATs 工具
針對需求所撰寫的電腦稽核程式
自動化稽核元件
異常警告自動通知
企業資料
參考資料來源:會研月刊
104

提高稽核效率—持續性監控/稽核平台

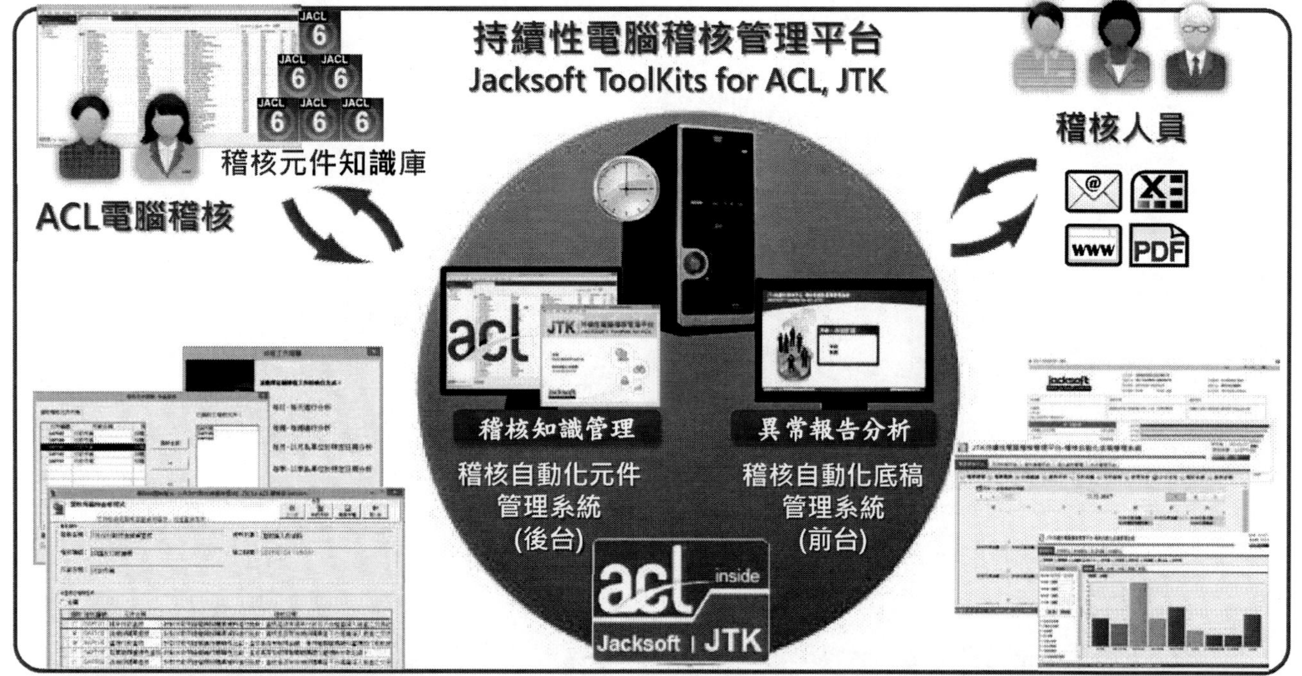

■稽核自動化：
電腦稽核主機一天24小時一周七天的為我們工作。

JTK | Jacksoft ToolKits for ACL
The continuous auditing platform

建置持續性稽核APP的基本要件

- 將手動操作分析改為自動化稽核
  - 將專案查核過程轉為ACL Script
  - 確認資料下載方式及資料存放路徑
  - ACL Script修改與測試
  - 設定排程時間自動執行
- 使用持續性稽核平台
  - 包裝元件
  - 掛載於平台
  - 設定執行頻率

如何建立ACL專案持續稽核

- ACL可以從頭到尾管理你的資料分析專案。
- 專案規劃方法採用六個階段：

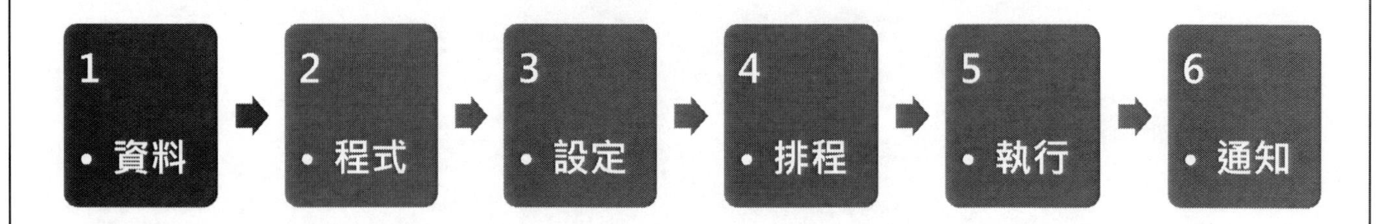

▲稽核自動化：

電腦稽核主機 - 一天可以工作24 小時

複製Log 成為SCRIPT程式

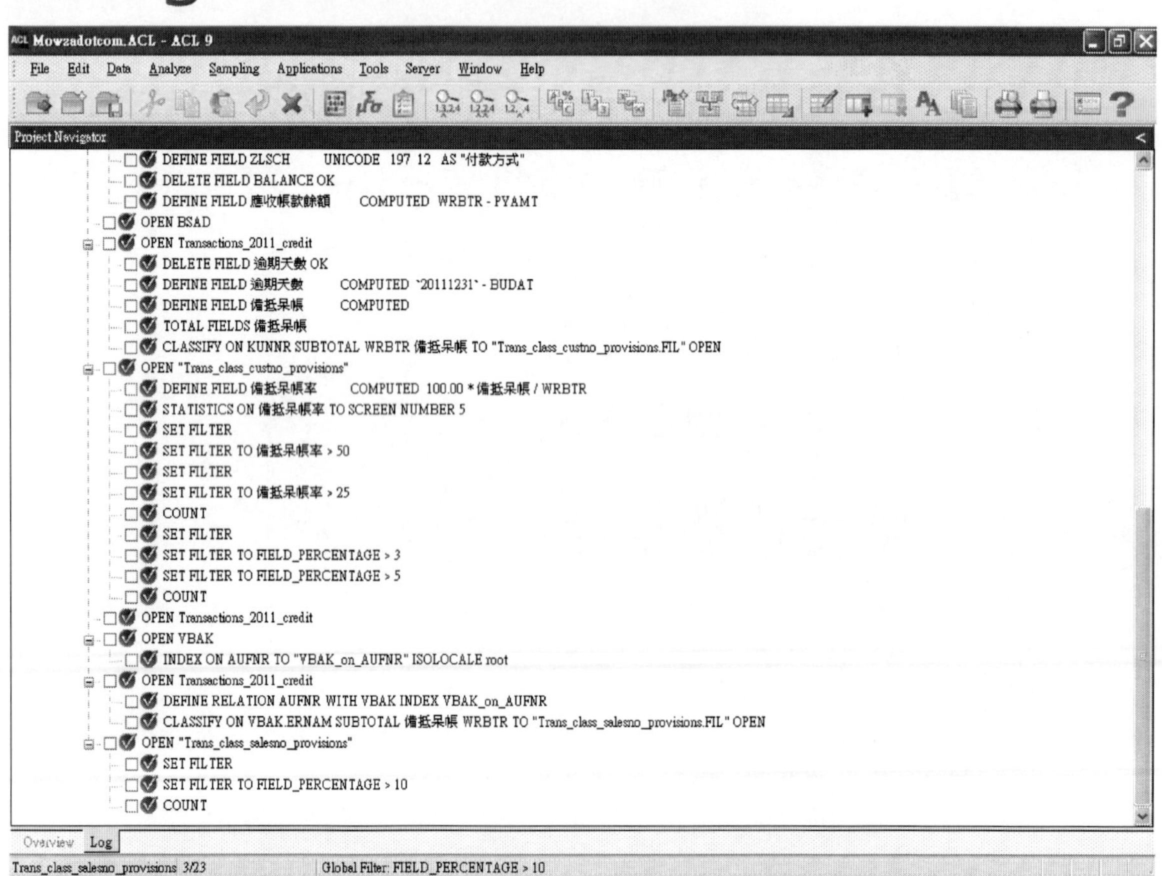

編輯SCRIPT
-資料匯入環境設定

- COM STEP1：資料匯入環境設定
- SET SAFETY OFF
- DELETE FORMAT BSAD OK
- DELETE FORMAT VBAK OK
- DELETE FORMAT Transactions_2011_credit OK
- DELETE Transactions_2011_credit.Fil OK
- DELETE FORMAT Trans_class_custno_provisions OK
- DELETE Trans_class_custno_provisions.Fil OK

持續性稽核功能架構

單獨使用ACL與導入持續性稽核平台(JTK+ACL)=>功能比較表

項目	功能比較	JTK (持續性稽核平台)增加功能	ACL 單機版
1	系統權限管理	依使用者設定權限並可與AD結合	無
2	查核排程設定	簡易且彈性設定(季/月/周/日)	無
3	稽核資料倉儲	提供獨立管理平台，使用簡單	個別設計技術難度高
4	稽核資料字典	快速掌握各式系統資料來源重點	無
5	資料庫連結	提供安全加密功能	目前為明碼
6	稽核元件封裝	標準化自行封裝，輕鬆分享共用稽核知識	無
7	稽核專案管理	輕鬆批次執行多項查核	個別執行較費時複雜
8	查核結果通知	可同時mail寄送多人	個別設定技術難度高
9	機密資料遮罩	報表可簡易設定多種資料遮罩，個資不外露	無
10	持續性風險地圖	風險矩陣彈性設定，圖形化風險燈號顯示	無
11	底稿多維度查詢	提供多維度查詢稽核底稿功能	無
12	底稿使用軌跡	提供稽核底稿使用軌跡查詢與分析圖表	無

稽核自動化元件效用

1. 標準化的稽核程式格式，容易了解與分享
2. 安裝簡易，可以加速電腦稽核使用效果
3. 有效轉換稽核知識成為公司資產
4. 建立元件方式簡單，可以自己動手進行

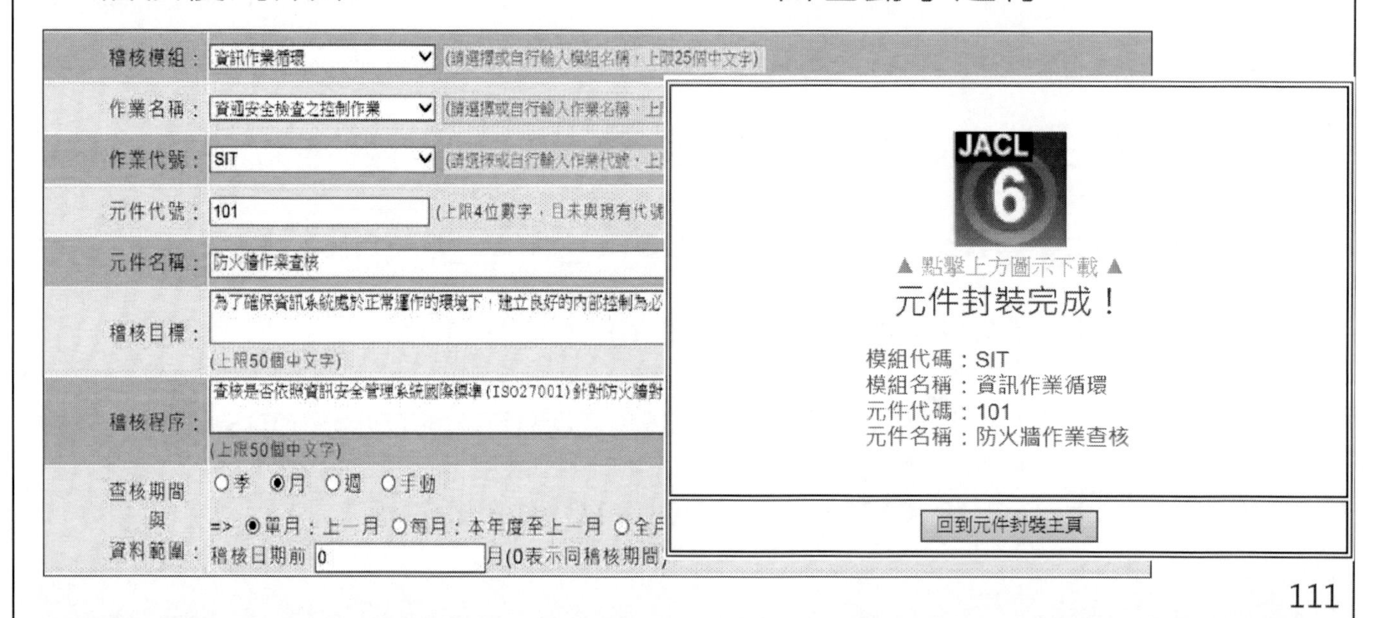

建構稽核資料倉儲

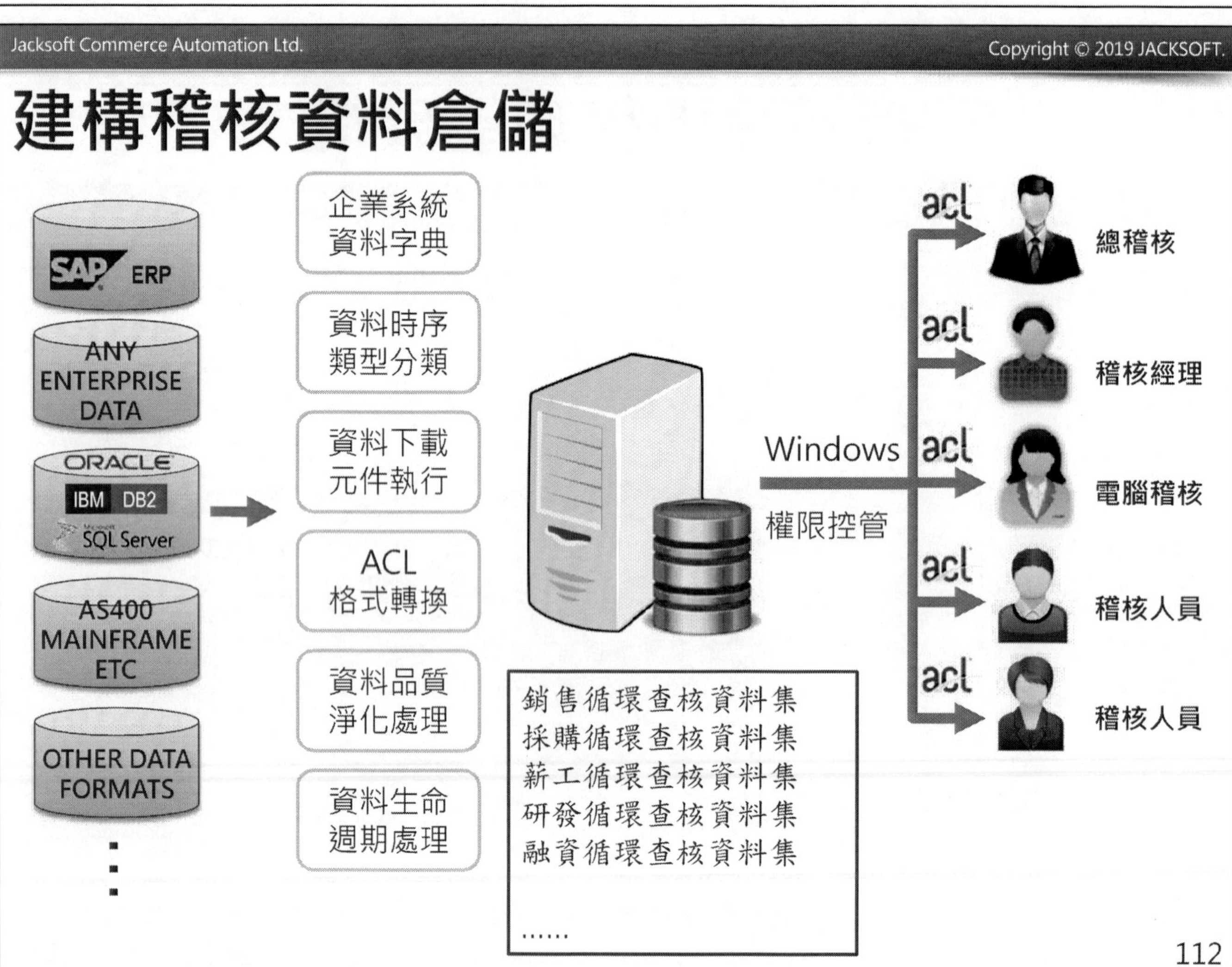

持續性資料分析,自動風險追蹤

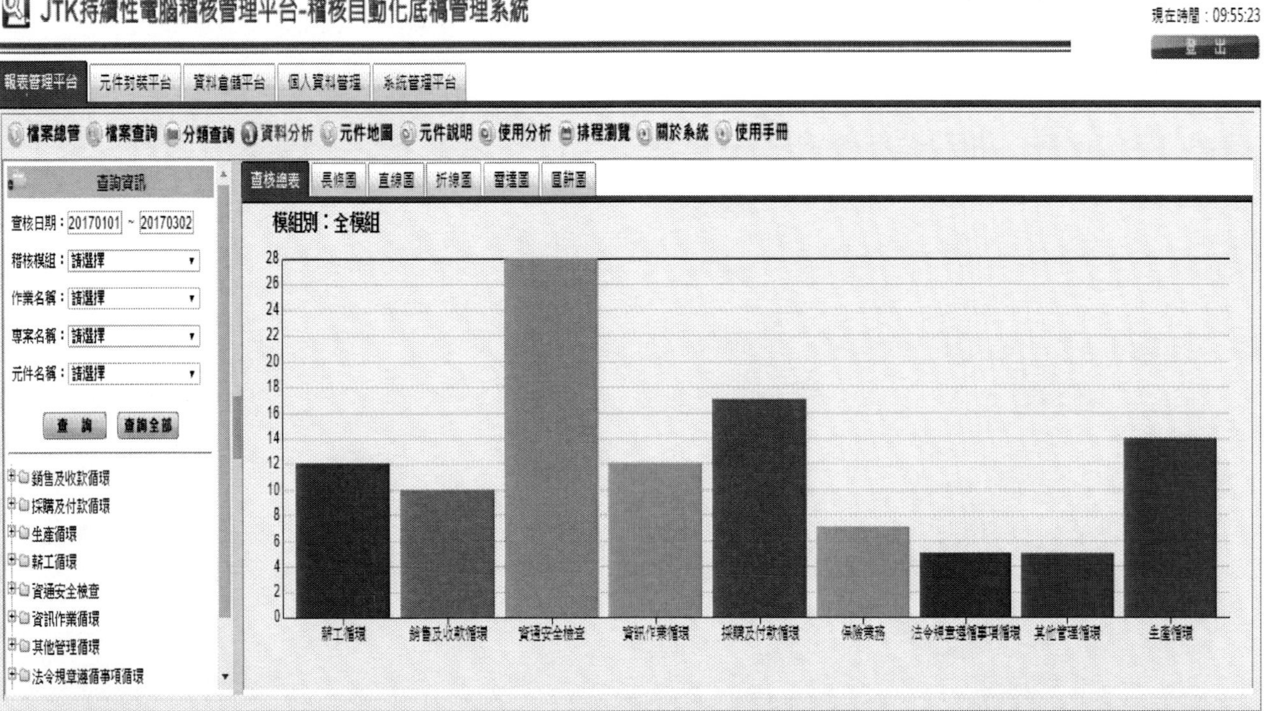

輕鬆掌握風險地圖

分類查詢-作業別風險地圖功能：

依照元件名稱顯示各查核作業期間的異常數，並用燈號顯示各元件的查核狀況：

多功能底稿資料分析

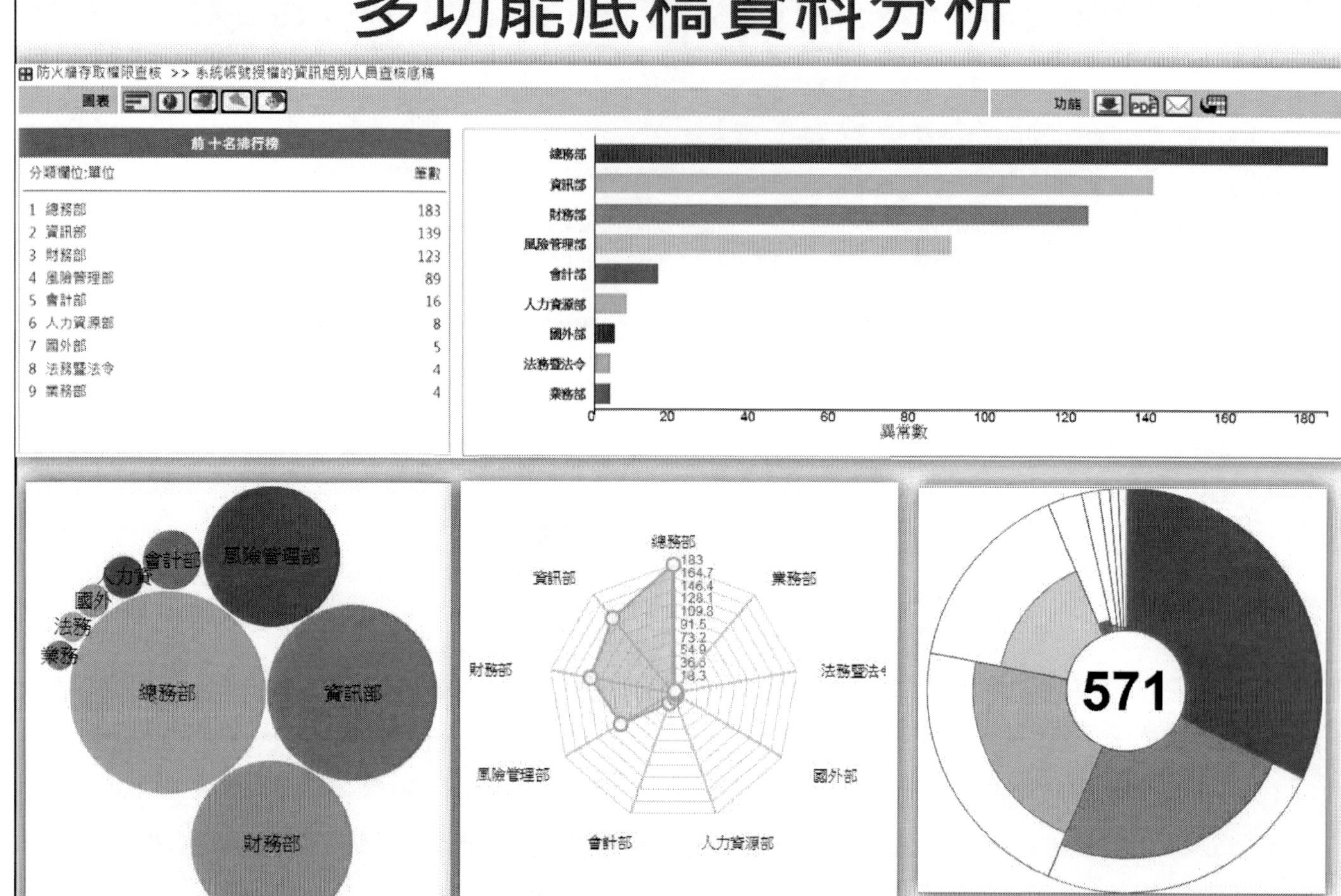

ICAEA國際電腦稽核教育協會簡介

ICAEA(International Computer Auditing Education Association)國際電腦稽核教育協會，總部設於**電腦稽核軟體發源地-加拿大溫哥華地區**的非營利性的國際組織，全球超過18個國家有分支據點，專業證照會員超過20個國家。

ICAEA國際電腦稽核教育協會是最早以強化財會領域背景人士資訊科技職能的專業發展教育協會,其提供一系列以實務為導向的課程與專業證照,讓學員可以有效提升其data sharing, data analytics, data mining, data reporting and storage within and across organizations 的能力.

電腦稽核軟體應用學習Road Map

資訊科技實務導向

國際網際網路稽核師

國際資料庫電腦稽核師

財會領域實務導向

國際ERP電腦稽核師

國際鑑識會計稽核師

國際電腦稽核軟體應用師

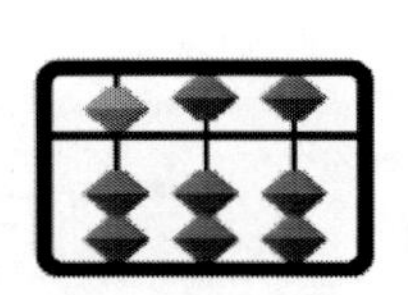
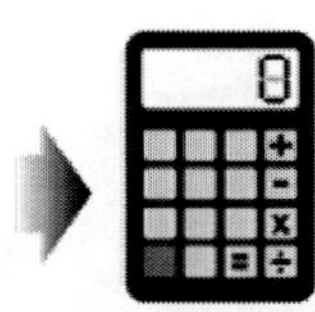

ICAEA 專業證照

- 有別於一般協會強調理論性的考試，所有的ICAEA證照均須通過電腦上機實作專案的測試。
- ICAEA以產業實務應用為導向，提供完整的電腦稽核軟體應用認證教材、實務課程、教學方法、專業證照與倫理規範。

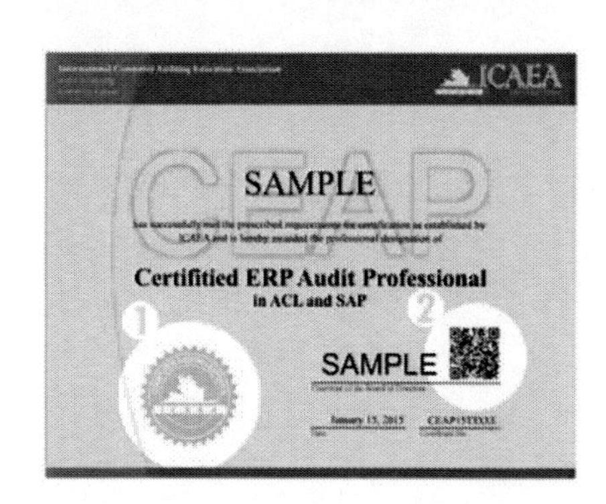

證書具備鋼印與QR code雙重防偽

Focus on the Competency for Using CAATs

國際ERP電腦稽核師養成班

國際鑑識會計稽核師養成班

高階實務應用課程 2天
- SAP ERP 採購資料分析查核
- SAP ERP 總帳資料分析查核
- SAP ERP 銷售資料分析查核
- SAP ERP 資安權限查核系列
- 黑名單與反資恐交易查核
- 運用Benford Law進行地雷股偵測
- 反貪腐防制遵循查核
- 拆單及規避大額通貨申報洗錢查核

高階程式開發課程 3天
- SAP ERP 基本知識
- 審計AI人工智慧程式開發
- 鑑識會計基本知識

進階實務應用課程 1天
- 考勤管理與加班費詐領查核實例演練
- 拆單採購查核實例演練
- 銷售資料分析複核查核實例演練
- 重複付款查核實例演練

基礎上機課程 3天
- 電腦稽核與CAATs基礎概念
- 資料擷取與資料驗證技術
- 資料分析與稽核指令
- 內稽內控實務案例演練

歡迎加入 ICAEA Line 群組 ~免費取得更多電腦稽核應用學習資訊~

參考文獻

1. 黃士銘，2015，ACL 資料分析與電腦稽核教戰手冊(第四版)，全華圖書股份有限公司出版，ISBN 9789572196809.

2. 黃士銘、嚴紀中、阮金聲等著(2013)，電腦稽核－理論與實務應用(第二版)，全華科技圖書股份有限公司出版。

3. 黃士銘、黃秀鳳、周玲儀，2013，海量資料時代，稽核資料倉儲建立與應用新挑戰，會計研究月刊，第 337 期，124-129 頁。

4. 黃士銘、周玲儀、黃秀鳳，2013，"稽核自動化的發展趨勢"，會計研究月刊，第 326 期。

5. 黃秀鳳，2011，JOIN 資料比對分析-查核未授權之假交易分析活動報導，稽核自動化第 013 期，ISSN:2075-0315。

6. 財政部電子發票整合服務平台
   https://www.einvoice.nat.gov.tw/

7. 2015 國際內部控制與稽核大趨勢 ，中華民國內部稽核協會
   http://www.iia.org.tw/

8. 資料科學家從數據之海中找出企業金礦，遠見雜誌，2013 年 1 月號，第 319 期
   http://www.gvm.com.tw/Boardcontent_21466.html

9. 用海量資料掌握管理，提升企業效率，遠見雜誌，2013 年 1 月號，第 319 期
   http://www.gvm.com.tw/Boardcontent_21488.html

10. 王振堂鐵腕整頓宏碁稽核系統，今周刊，2011 年，755 期
    https://www.businesstoday.com.tw/article-content-80392-2915

11. 博達事件的過程，連啟泰老師的數位教材
    http://120.105.184.250/ctlien/%E6%8A%95%E8%B3%87%E7%AE%A1%E7%90%86%E7%A0%94%E8%A8%8E/%E5%8D%9A%E9%81%94%E6%8E%8F%E7%A9%BA%E6%A1%88.pdf

12. 大環境惡化 工總：經濟成長難保 2%，2012 年，新頭殼 newtalk
    https://tw.news.yahoo.com/%E5%A4%A7%E7%92%B0%E5%A2%83%E6%83%A1%E5%8C%96-%E5%B7%A5%E7%B8%BD-%E7%B6%93%E6%BF%9F%E6%88%90%E9%95%B7%E9%9B%A3%E4%BF%9D2-084534791.html

13. ACL，2017 年，“Are data robots coming to replace the auditors?”
    https://acl.software/are-data-robots-coming-to-replace-the-auditors/

14. 傑克商業自動化股份有限公司，“SAP ERP 持續性稽核 APP”
    http://jgrc.bizai.org/continuous_audit.php

15. Galvanize，2019， “ACL and Rsam are now Galvanize”
https://www.wegalvanize.com/rebrand/

16. Galvanize，2019，
https://www.wegalvanize.com/

17. Galvanize，2019， “ACL November '18 Release: Machine Learning”
https://www.youtube.com/watch?v=qJ4II9Xb3zw&feature=share

18. Galvanize，2019， “Solution overview: ACL Robotics”
https://www.youtube.com/watch?v=29qBjTQTxY0

19. SurTech，2019， “Ask a Technical Expert - ACL Machine Learning”
https://www.youtube.com/watch?v=Px4E1PDZ4u4&feature=share

20. ETtoday 新聞雲，2019 年，“潤寅詐貸 80 億有 2 家銀行最早發現　金管會完成專案金檢”
https://www.ettoday.net/news/20191009/1553890.htm#ixzz638w9DPDB

作者簡介

黃秀鳳 Sherry

現　　任

傑克商業自動化股份有限公司 總經理

國際電腦稽核教育協會(ICAEA)大中華分會 會長

專業認證

ACL Certified Trainer

ACL 稽核分析師(ACDA)

國際 ERP 電腦稽核師(CEAP)

國際鑑識會計稽核師(CFAP)

中華民國內部稽核師

內部稽核師（CIA）全國第三名

國際內控自評師(CCSA)

ISO27001 資訊安全主導稽核員

ICEAE 國際電腦稽核教育協會認證講師

學　　歷

大同大學事業經營研究所碩士

主要經歷

超過 500 家企業電腦稽核或資訊專案導入經驗

傑克公司副總經理

耐斯集團子公司會計處長

光寶集團子公司稽核副理

安侯建業會計師事務所高等審計員

國家圖書館出版品預行編目(CIP)資料

銷售收款循環查核 : SAP ERP 銷售資料分析性複核
實例演練 / 黃秀鳳[作]. -- 2 版. -- 臺北市 :
傑克商業自動化, 2019.10
面 ; 公分
ISBN 978-986-92727-8-0(平裝附數位影音光碟)

1.稽核 2.管理資訊系統

494.28 108018925

銷售收款循環查核-SAP ERP 銷售資料分析性複核實例演練

發行人 / 黃秀鳳
出版機關 / 傑克商業自動化股份有限公司
地址 / 台北市大同區長安西路 180 號 3 樓之 2
電話 / (02)2555-7886
網址 / www.jacksoft.com.tw
出版年月 / 2019 年 10 月
版次 / 2 版
ISBN / 978-986-92727-8-0